数字经济背景下 ESG 表现与企业价值的相关性研究

李　柯　刘导模　潘　洛　著

中国商业出版社

图书在版编目（CIP）数据

数字经济背景下 ESG 表现与企业价值的相关性研究 / 李柯，刘导模，潘洛著. -- 北京 ：中国商业出版社，2025. 5. -- ISBN 978-7-5208-3430-8

Ⅰ. X322；F270

中国国家版本馆 CIP 数据核字第 2025EM1187 号

责任编辑：朱丽丽

中国商业出版社出版发行

（www. zgsycb. com　100053 北京广安门内报国寺 1 号）

总编室：010-63180647　编辑室：010-63033100

发行部：010-83120835/8286

新华书店经销

优彩嘉艺(北京)数字科技有限公司印刷

*

787 毫米×1092 毫米　16 开　11 印张　220 千字

2025 年 5 月第 1 版　2025 年 5 月第 1 次印刷

定价：38. 00 元

* * * *

（如有印装质量问题可更换）

前　言

在全球经济加速数字化转型与可持续发展理念深度交融的背景下，环境、社会与治理（ESG）表现已成为企业价值重构的核心变量。据世界经济论坛预测，数字经济在2030年将为全球GDP贡献更多份额，而ESG相关资产规模将超过50万亿美元。这一双重趋势的叠加，不仅重塑了企业经营的价值逻辑，更催生了“技术赋能可持续增长”的新命题。

目前，颠覆传统ESG实践模式的是数字技术（如人工智能、区块链、物联网）的指数级发展。企业碳排放的实时监测、供应链劳工权益的链上追溯、治理决策的算法优化等创新场景，既为ESG绩效提升开辟了新路径，也带来了数据安全、技术伦理等方面的复杂挑战。与此同时，资本市场对ESG价值的认知范式发生根本性转变：标普500指数中，ESG评级前20%的企业的平均市净率（PB）达4.2倍，显著高于行业均值（2.1倍），且这一差距在数字化领先企业中进一步扩大至3倍。

然而，现有研究对数字经济与ESG的交互作用仍存在显著空白。一方面，传统ESG理论框架难以解释技术赋能下的非线性价值传导机制；另一方面，碎片化的案例研究尚未构建起“技术—数据—治理”协同作用的系统模型。国际清算银行（BIS）2023年年报指出，全球83%的企业在数字化转型中面临ESG目标与技术投入的协同困境，亟须理论指导与实践范式突破。

本书以“技术穿透—数据贯通—生态重构”为分析主线，通过覆盖全球多个行业多家企业的多维度案例库，结合深入分析，系统揭示数字经济背景下ESG表现对企业价值的重塑机制。本研究提出“数字敏捷型ESG”理论框架，量化验证技术渗透率（DTP）对ESG价值转化效率的边际影响，并识别出区块链溯源、AI风险预测等多个高价值应用场景。

本书的探索不仅为企业在数字时代平衡技术红利与ESG责任提供了操作性路径（如数据资产管理模式、敏捷治理架构），更从政策层面提出“数字ESG债券”“跨境碳信用智能合约”等制度方案。对于投资者而言，研究构建的ESG数字穿透力指标（EDPI）体系，可以帮助其识别具有长期竞争力的ESG科技型企业，规避“漂绿”风险。

在结构安排上，本书从理论解构、实证验证到实践推演逐层展开，力求在数字经济与可持续发展的历史性交汇点上，为构建包容性增长的新商业文明贡献学术智慧与实践洞见。

本书由桂林理工大学南宁分校李柯、刘导模和南宁师范大学师园学院潘洛共同协作完成，并负责全书的统筹规划、框架设计及统稿修订工作，李柯撰写了第一章、第二章、第三章、第四章、第五章和第七章（第二节）的内容，共计 18 万余字；刘导模撰写了第六章的内容，共计 3.5 万余字；潘洛撰写了第七章（第一节）的内容，共计 0.5 万余字。

在本书的撰写过程中，作者借鉴了许多专家学者的学术文献和研究成果，在此表示真诚的感谢。本书内容力求系统、全面，论述条理清晰、深入浅出，但由于作者水平有限，书中难免会存在疏漏与不足之处，希望广大读者批评指正。

作　者

2025 年 3 月

目　　录

第一章　引言 …… 1

第一节　研究背景 …… 1

第二节　研究意义 …… 15

第三节　研究范围与方法 …… 21

第二章　ESG 的表现与理论基础 …… 30

第一节　理论基础 …… 30

第二节　ESG 概念及框架解析 …… 37

第三节　企业价值评估理论回顾 …… 51

第四节　ESG 表现与企业价值的理论关联 …… 58

第三章　研究方法 …… 65

第一节　研究方法选择 …… 65

第二节　案例范围 …… 69

第四章　数字经济背景下的 ESG 表现分析 …… 77

第一节　数字经济对 ESG 表现的影响 …… 77

第二节　案例企业 ESG 表现分析 …… 89

第三节　数字经济与 ESG 表现的关联分析 …… 97

第五章　ESG 表现与企业价值的关系分析 …… 106

第一节　ESG 表现对企业价值的影响机制 …… 106

第二节　案例企业 ESG 表现与企业价值的关联性分析 …… 113

第六章　数字经济背景下 ESG 表现的挑战与机遇 …… 120

第一节　挑战分析 …… 120

第二节　机遇探讨 …… 132

第七章　结论与建议 …… 144

第一节　研究结论 …… 144

第二节　政策建议 …… 152

参考文献 …… 162

第一章 引 言

第一节 研究背景

一、数字经济时代的兴起与特点概述

（一）数字经济的定义与演进历程

1. 数字经济的内涵与外延

数字经济作为新型经济形态，不仅是技术进步的产物，更是社会、经济及商业模式全面变革的推动力。其内涵强调了数字技术在现代经济中的主导作用，特别是数据、信息和技术之间的深度融合。数据已经不再是单纯的支撑信息的资源，而是变成了具有经济价值的核心生产要素，它在各个层面支撑着商业创新与决策优化。从企业到政府，再到个人，数据的生成、存储、处理与应用在各个层次的经济活动中起着决定性的作用。通过数据的实时传递和处理，企业能够精准地洞察市场需求，优化生产流程，提升客户体验，进一步促进商业决策的智能化和精准化，进而创造更大的经济效益。

在外延上，数字经济的核心组成部分涵盖了三个主要领域：数据要素、平台经济和数字化转型。

首先，数据要素的核心地位日益突出，它已经超越了传统的生产资源，如劳动力、资本等，成为经济活动中不可或缺的关键资源。在这一过程中，数据不仅成了决策制定的基础，也成了价值创造的主要来源。企业通过对数据进行深入分析，能够在市场竞争中获得优势，提高经营效率，甚至发现新的商业机会。而数据的流动性、可获取性和分析能力，将是决定企业成败的关键所在。

其次，平台经济作为数字经济的另一重要组成部分，改变了传统的商业交易模式。平台经济通过互联网平台将供给端与需求端直接连接，大大降低了信息不对称，优化了市场

的资源配置效率。在这一模式下，平台不仅是一个交易的中介，更是信息、资源和创新的汇聚点。比如，电子商务平台通过整合商品信息、客户需求与供应商资源，提供了更高效、更便捷的购物体验。与此同时，平台经济还催生了共享经济、按需经济等新兴商业形态，它们极大地激发了市场活力和消费者参与度，为经济注入了新的动力。

最后，数字化转型作为数字经济的重要体现，正推动传统行业的深刻变革。数字化转型不仅是技术的引入，更是传统企业经营理念、管理模式和业务流程的全面升级。无论是制造业引入智能制造，还是零售业采用线上线下融合的模式，数字化转型都带来了生产方式、供应链管理、服务模式等方面的创新。企业通过云计算、大数据分析和人工智能等数字化手段，能够更精准地预测市场变化、降低成本、提升客户满意度，从而在竞争中占得先机。数字化转型不仅仅局限于大企业，中小型企业同样能通过灵活的数字化策略实现快速增长和市场拓展。

2. 全球数字经济的阶段性发展特征（从信息化到智能化）

全球数字经济的发展经历了从“信息化”到“智能化”的重要转型过程，每个阶段都有其独有的特征和推动力。最初的“信息化”阶段，主要集中在信息技术的应用，尤其是在信息的传递、存储和共享方面。随着计算机技术、互联网和通信技术的不断发展，信息的传递速度得到了前所未有的提高。互联网的普及和电子商务的兴起，使信息的流动更加高效，全球贸易和跨国合作的范围也得到了极大扩展。在这个阶段，企业开始重视数字化基础设施的建设，着重实现业务流程的自动化和在线化，从而加速了市场的全球化进程。例如，电子邮件和在线办公软件使全球范围内的企业能够更加高效地进行协作，跨境电商则通过互联网平台让消费者与供应商打破地域障碍，直接连接。

进入 21 世纪后，数字经济逐渐向“智能化”阶段转型，这一过程标志着数字技术的应用逐步从信息的传递扩展到信息的处理与智能化决策。智能化的核心在于大数据、人工智能（AI）、物联网（IoT）、机器学习等技术的广泛应用。大数据的出现使信息不再是孤立的个体，而是能够相互关联、形成有价值的知识库。企业可以通过分析和挖掘这些数据中的潜在价值，洞察市场需求、消费者行为及行业趋势，从而做出更加精准和智能化的决策。比如，在线零售商通过分析用户的浏览记录、购买习惯、评价反馈等数据，能够为每个顾客量身定制个性化的推荐系统，提高用户体验并促进销售。同时，人工智能借助深度学习技术，通过大量数据的训练，不仅能完成信息的处理，更能够识别出数据中的模式和规律，进行预测性分析。例如，AI 驱动的预测模型可以帮助企业预测市场趋势、优化库存管理和供应链流动，提高运营效率。

智能化时代的到来，进一步推动了全球数字经济的全面升级，带来了生产力的大幅提高和经济活动方式的变革。在这一阶段，智能化技术的应用不仅仅局限于传统的行业，而是迅速渗透到各个行业的各个层面。从智能制造、自动化生产到智能物流、智能家居，再到金融行业的人工智能交易系统和智能投顾服务，智能化正在引领各个领域进入全新的运营模式。企业不再仅仅依赖人工操作和传统流程，而是通过智能系统的辅助，实现数据驱动的决策和自动化流程管理。

这一转型不仅提高了企业运营的效率，还在更大范围内促进了产业的数字化与智能化协同发展。全球各大行业的数字化转型为国家经济的增长和企业竞争力的提高提供了有力支持。通过智能化技术的赋能，企业能够快速地响应市场变化，提高资源利用效率，降低成本，创造更大的商业价值。与此同时，这一阶段的智能化趋势也带来了更多的挑战，尤其是在技术的普及和应用过程中，数据隐私、网络安全、伦理问题等方面的挑战逐渐显现，成为全球数字经济发展中的重要议题。

（二）技术驱动因素

1. 大数据、人工智能、区块链等核心技术的突破与应用场景扩展

大数据、人工智能和区块链作为数字经济中的三大核心技术，已经实现了突破性的进展，并在多个行业的应用场景中展现出广泛的潜力。大数据技术的发展使企业和政府可以在前所未有的范围内进行数据的收集、存储和分析，从而获得更加精准的市场洞察和客户需求预测。借助大数据，企业可以实时跟踪消费者的行为模式，精确分析其购买偏好，从而为用户提供个性化的服务与产品。与此同时，政府可以通过大数据进行城市管理、社会保障、公共安全等领域的优化。例如，借助大数据技术，银行等各金融机构可以更全面地评估贷款人的信用状况，通过数据模型预测其还款能力，从而在降低风险的同时提高放贷效率。在医疗行业，大数据的应用同样极具潜力，通过整合患者的历史病历和实时健康数据，医生可以获得更加精准的诊断信息，并根据个人的健康数据制订更加个性化的治疗方案，提高了医疗服务的质量和效率。

与此同时，人工智能的快速发展使机器学习、自然语言处理、计算机视觉等技术逐渐成熟，并被广泛应用于各个行业，极大地提高了智能化服务的质量与效率。人工智能的普及不仅加速了金融、医疗和教育等行业的智能化变革，也推动了生产和物流等领域的自动化进程。在金融领域，AI驱动的智能投顾和风险控制系统正在成为行业的重要组成部分，借助算法模型，人工智能能够通过海量数据分析，为投资者提供个性化的资产配置建议，并快速识别潜在的风险。在医疗行业，人工智能在医学影像分析、疾病预测、药物研发等方面的应用正在取得显著成效，特别是在癌症等复杂疾病的早期诊断中，AI能够通过对大量医学图像的快速分析，帮助医生发现微小的病变，从而提高治疗效果。智能化服务的应用正在打破传统行业的局限，推动各个领域的变革与进步。

区块链技术的突破则为数字经济带来了全新的信任机制，它通过去中心化的分布式账本技术，为数据的存储、交换和交易提供了安全、透明且不可篡改的解决方案。区块链的核心优势在于其能够在没有信任中介的情况下完成各类交易和操作，这使它在金融交易、供应链管理、知识产权保护等领域具有广泛的应用前景。在金融领域，区块链技术通过智

能合约和加密技术实现了安全且高效的跨国支付和结算，极大地降低了跨境支付的成本和时间，并消除了传统金融体系中的中介和潜在风险。在供应链管理中，区块链能够实现信息的实时追踪和透明化管理，确保产品从生产到消费的每个环节都能够被追溯和验证，有效地避免了假冒伪劣商品进入市场流通。同时，区块链还在数字版权保护、投票系统、身份认证等领域展现出巨大的潜力，成为解决传统信任问题的创新技术。

2. 数字基础设施（5G、云计算）对经济生态的重构作用

数字基础设施，特别是 5G 和云计算的建设，正深刻重塑全球经济生态，为各个行业带来了前所未有的发展机遇。5G 技术的部署，不仅提高了数据传输的速度和网络的容量，更重要的是通过其低延迟、高带宽的特性，推动了新兴产业的发展，特别是在智能城市、无人驾驶、远程医疗等领域的落地。5G 网络的普及使得大规模的物联网设备能够实时连接和互动，进一步加强了生产、商业和日常生活场景中的数据流动性和实时响应能力。比如，在智能城市建设中，5G 网络可以支持海量传感器实时上传数据，推动交通、能源、公共安全等领域的智能化管理；在无人驾驶领域，5G 的低时延特性为车辆之间的实时数据交换提供了技术保障，使得自动驾驶更加安全、精准；在远程医疗方面，5G 使得高清的视频诊断和实时的医疗数据传输成为可能，特别是对于偏远地区的患者来说，5G 网络的支持使得远程医疗服务更加普及。

与 5G 技术同样重要的是云计算，它作为数字基础设施中的另一核心技术，正通过其灵活、弹性的计算资源和服务，推动着各行各业的数字化转型。云计算技术的成熟使得企业能够以较低的成本，获取强大的计算能力，并且将其所需的软硬件资源外包给云服务提供商，避免了大规模投资于本地 IT 基础设施。这使得企业尤其是中小型企业，能够快速扩展，灵活应对市场变化，从而在全球竞争中保持竞争力。同时，云计算也为企业提供了数据存储和处理的高效解决方案，极大地降低了企业在数字化转型过程中的技术门槛。通过云平台的开放接口和高效的协作工具，企业能够更加便捷地整合多种技术资源，推动创新、合作与跨行业的融合，进而加速了行业间的协同发展。

云计算在数字经济中的作用不仅仅局限于企业层面，它还极大地推动了大数据和人工智能技术的应用与发展。云计算提供的强大数据存储和计算能力，使得企业能够更加高效地处理海量数据，支持实时分析与决策。同时，通过云平台，企业可以利用人工智能等技术，快速开发和部署新的应用程序，从而提高生产效率、优化运营流程、增强用户体验等。特别是在金融、零售、制造等传统行业中，云计算通过降低基础设施建设的成本，促使这些行业更迅速地拥抱数字化转型，进一步提高了其市场竞争力和创新能力。

（三）数字经济的主要特征

1. 数据成为关键生产要素

在数字经济时代，数据的价值远远超出了传统信息传递和决策支持的范畴，它已经成

了经济活动中的核心生产要素。过去，数据仅仅被视为支撑决策的工具，但随着信息技术的快速发展，尤其是在大数据、云计算、人工智能和物联网的广泛应用下，数据逐渐转化为能够直接推动企业创新、提高效率和增强竞争力的核心资产。通过对海量数据的采集、存储和分析，企业能够深入理解市场需求、消费者行为以及行业趋势，进而做出更加精准的战略决策。

企业通过数字化工具可以从数据中提取深层次的洞察。例如，电商平台通过分析用户的购买历史、浏览记录、社交互动等数据，能够准确地预测消费者的需求变化，优化库存管理，避免因库存积压或短缺而造成的损失。此外，企业还可以基于数据分析提供更加个性化的产品和服务，如推荐系统、定制化广告投放等，提高用户体验，增强客户忠诚度，从而推动销售增长和市场份额提高。数据的价值不仅体现在即时的收入增长上，还体现在资源配置效率的提高和运营成本的降低上。

与此同时，数据的流动和存储能力也成了企业竞争力的关键因素。在数字经济中，企业不仅是利用数据进行市场分析和产品优化，还通过数据的开放共享与合作，拓展业务生态圈。数据驱动的商业模式促使许多行业的革命性变化。例如，汽车行业通过物联网技术收集车主的驾驶行为数据，优化汽车维修和保养服务；智能家居行业通过收集用户的生活习惯数据，提供个性化的家居解决方案，提高了用户的生活质量和产品的附加值。

从宏观角度看，数据的价值不仅影响企业的竞争力，还对政策制定和社会发展起到了重要作用。政府可以通过数据分析优化公共政策的制定，比如根据社会舆情和经济数据调整财政政策、货币政策等。数据同样能够推动社会发展，帮助解决公共资源分配不均的问题，比如通过数据精准扶贫，帮助政府更好地识别贫困地区和群体，从而有针对性地制定社会福利和扶贫政策。

2. 平台化与网络效应显著增强

在数字经济时代，平台经济已经成了最具影响力和创新性的商业模式之一。通过互联网平台，企业可以将分散的资源、信息和消费者需求高效地整合和调配，打破传统行业之间的壁垒，实现跨界融合与合作。这种平台化结构使得企业不仅仅是提供产品或服务的传统角色，而是成了一个连接不同利益相关者的枢纽。平台通过连接用户、供应商、合作伙伴等各方，为他们提供了一个共赢的生态系统，从而提高了整个市场的运作效率。

平台经济的核心在于网络效应，即随着用户数量的增加，平台本身的价值也在不断增强。这种效应使得平台能够在短时间内实现规模化扩展。每一个新用户的加入都为平台带来更多的用户生成内容、数据和互动信息，这不仅能够提高用户体验，也为平台创造更多的商业机会。例如，电商平台通过吸引消费者和商家入驻，形成了一个庞大的商品交易网络；社交媒体平台则通过用户生成的内容与互动，构建了强大的社交网络，进而带来了广告收入、品牌营销和内容创作的变现。

平台化结构的最大优势之一是规模优势。随着平台用户数量的增加，平台可以通过数据分析不断优化服务、调整供应链、个性化推荐等，从而提高效率并且降低成本。这种自我强化的良性循环使得平台能够在市场竞争中占据领先地位。大型平台往往能够通过资本、技术和网络效应迅速扩大市场份额，吸引更多的资源和合作伙伴，进而实现规模效应的进一步提高。这种规模优势使得平台型企业能够在竞争中占据支配地位，甚至通过并购与战略合作进一步巩固市场的垄断地位。

网络效应不仅体现在消费者和商家之间的互动上，更在于平台内部的数据流动和创新合作。平台通过大数据分析和人工智能等技术，不断优化自身的产品和服务，推动个性化、定制化的创新。例如，打车软件通过收集乘客和司机的实时数据，优化路线和调度策略；在线视频平台则通过分析用户观看偏好，推送量身定制的内容。通过不断完善自己的数据能力，平台不仅增强了用户黏性，还促进了新服务和新产品的不断创新。

3. *产业边界模糊与跨界融合加速*

数字经济的兴起打破了传统行业的界限，促使产业之间的融合和跨界创新变得越发常见。互联网技术和数字化手段的广泛应用，使得原本各自为战的行业之间形成了更加紧密的联系。这种跨界融合不仅是企业业务模式的拓展，更是对整个产业结构的重构。在这个过程中，原有的产业壁垒逐渐消失，企业不再局限于单一领域的发展，而是凭借数字化技术的赋能，跨入其他行业，进行资源整合与业务延伸。

互联网企业的跨界融合尤为明显。如阿里巴巴、腾讯、百度等互联网巨头，早已不满足于单纯的线上平台建设，它们纷纷布局金融、医疗、教育、物流等多个行业，推动了这些行业的数字化升级。例如，腾讯通过腾讯云、大数据和 AI 技术，涉足医疗、教育、娱乐等多个领域，打造了一个横跨多个行业的生态系统。这些互联网企业凭借平台化的优势，形成了一个互联互通的数字生态圈，打破了行业之间的隔阂，创造了巨大的协同效应。

传统行业也在数字化浪潮中进行着深刻的转型和创新。以汽车行业为例，传统汽车制造商正借助智能制造、车联网、大数据分析等数字技术，推动汽车行业向智能出行领域的延伸。例如，特斯拉将智能化、自动驾驶与电动汽车结合，开创了电动出行的新局面；宝马、奥迪等汽车厂商也在积极布局智能驾驶系统和车联网技术，以适应新时代的市场需求。这种转型不仅优化了传统制造业的生产效率，还推动了智能硬件、物联网等新兴技术的快速发展，为消费者提供了更加安全、便捷、个性化的出行体验。

数字经济的跨界融合还为新兴产业提供了巨大的发展机会。随着大数据、人工智能、云计算、物联网等技术的不断进步，各行各业的界限变得更加模糊，新兴产业逐渐从多元化的产业融合中受益。以“智能健康”产业为例，随着人们健康意识的提高以及数字技术的普及，传统的医疗行业正在与互联网技术、人工智能、大数据分析等高度融合，催生出了如远程医疗、智能健康管理、个性化治疗等全新业务模式。这些跨界融合所带来的创新，不仅推动了产业的升级换代，也满足了日益增长的消费需求，打开了新的市场空间。

（四）数字经济对企业运营的影响

1. 商业模式创新（如共享经济、订阅制服务）

数字经济的核心特征之一便是商业模式的不断创新，尤其是共享经济和订阅制服务的快速发展，这些创新不仅为企业开辟了新的收入来源，也为消费者带来了更加便捷和灵活的服务体验。共享经济作为一种新兴的商业模式，通过平台化的方式将闲置资源进行共享，极大地提高了资源的使用效率。这种模式不再局限于传统的拥有所有权，而是强调使用权和共享权，打破了“所有权至上”的传统观念，使物品、服务和空间得到了更加高效的利用。例如，Uber 和 Airbnb 等共享经济平台，分别在出行和住宿领域实现了资源的高效配置，用户可以通过共享平台轻松地享受便捷、低成本的出行和住宿体验，而平台本身则通过服务费等方式获得持续的收入。

共享经济的出现不仅降低了用户的成本，还促进了个体间的资源互换和协作，优化了整个社会的资源配置效率。这种模式的成功，不仅依赖大数据、人工智能等技术的支持，更依托广泛的用户参与和信任机制的建立。在共享经济平台中，用户不仅是消费者，还是资源的提供者，创造了“消费者即生产者”的新型关系。平台则通过提供中介服务、保障交易安全等功能，进一步增加了用户之间的互动和合作，形成了良性循环。这种基于共享和协作的商业模式，推动了整个社会在资源配置上的革命，为数字经济的发展注入了新的活力。

订阅制服务作为另一种创新商业模式，近年来在多个行业中得到了广泛应用，从传统的报纸杂志到如今的视频流媒体、软件即服务（SaaS）等，订阅制为企业提供了更加稳定的收入来源，同时也增强了消费者与品牌之间的黏性。不同于传统的一次性购买，订阅制通过提供长期服务和持续的内容更新，不仅提高了用户的长期参与度，还增强了品牌忠诚度。网飞（Netflix）、Spotify 等视频流媒体平台通过订阅制模式，不仅为用户提供了便捷的观影或听歌体验，同时也为自己创造了稳定的现金流。这种模式使得企业能够实现持续的收入增长，同时也让消费者能够享受更加灵活、个性化的服务。

订阅制模式的成功，得益于数字化技术的深度应用。大数据和人工智能可以帮助企业深入分析用户需求，推送个性化的内容和服务，进而提高用户的体验和满意度。与此同时，订阅制还能够促使企业通过持续的内容创新和服务优化，保持用户的活跃度，降低用户的流失率。这种商业模式不仅在传统媒体领域得到了应用，还逐步渗透到健康、教育、软件等多个行业，推动各行各业的数字化转型。

2. 市场竞争格局重塑（头部企业垄断风险与长尾市场机遇）

数字经济的兴起正在深刻地重塑全球市场竞争格局。平台效应和网络效应的结合，使得一些领先企业在行业中占据了主导地位，推动市场的寡头化趋势。由于平台经济的特性，每增加一个用户，平台的价值就会进一步增大，形成了正向反馈循环，这使得市场上的“头部”企业能够快速扩大市场份额，并通过资源的集中化实现规模经济的优势。如亚马逊、阿里巴巴、谷歌等全球数字平台，它们凭借庞大的用户基础和数据流量，不仅能够引导行业发展，还能够在多个领域中形成垄断或近乎垄断的竞争格局。通过大数据和人工智能，这些平台能够精准地识别消费者需求，推送个性化的服务或产品，进一步巩固了它们的市场地位。

然而，数字经济并非只会导致市场寡头化的出现，也为“长尾市场”创造了前所未有的机会。在传统的商业模式下，由于资源的限制和区域性的市场边界，许多小众市场无法获得足够的关注和发展机会。而在数字经济环境下，互联网平台的出现打破了地域和规模的限制，任何企业和个人都可以通过平台接触到全球消费者。借助社交媒体、电子商务平台等数字渠道，小众的产品和服务能够迅速实现全球化，满足个性化需求，打造差异化竞争优势。比如，许多独立设计师、手工艺人和小型制造商可以通过互联网平台将自己的产品销往世界各地，不再受限于传统零售网络的“瓶颈”，从而获得前所未有的市场机会。

这种市场格局的变化，不仅为小型企业提供了创新和发展的动力，也为消费者提供了更加多样化和个性化的选择。然而，数字经济中的平台效应也不可避免地带来了一些潜在问题，尤其是在市场集中度和垄断风险方面。虽然平台经济促进了信息流动和资源配置的效率，但平台主导者可能通过控制数据流、用户信息和交易平台规则来获取竞争优势，进一步压缩中小企业的生存空间，甚至形成新的“数字霸主”。例如，一些大型平台通过算法推荐和数据封锁，限制了小型企业的可见性和市场竞争力，形成了市场准入壁垒。这种现象在某些行业尤其明显，导致市场的高度集中和竞争的不充分。

二、环境、社会、治理（ESG）理念的全球发展趋势

（一）ESG 理念的起源与内涵深化

企业社会责任（CSR）作为一个概念，最初集中于企业对社会的经济与道德责任，主要关注如何通过企业行为支持社会的长远发展。然而，随着全球化和信息化的发展，社会对企业的期望逐渐从单纯的慈善捐赠或社会公益活动，转向对企业在环境、社会和治理方面的综合表现的关注。环境、社会、治理（ESG）理念的提出，意味着对企业的评价不再仅仅局限于经济利益的回报，而是扩展至企业如何通过自己的经营活动来推动环境保护、促进社会进步以及改善治理结构等方面。ESG 理念逐渐成为全球投资者、监管机构及其他利益相关方衡量企业可持续发展的新标准。CSR 注重的是企业履行对社会的基本责任，而 ESG 则从更广泛的角度，强调对环境、社会责任和公司治理的系统性、综合性评价。ESG 的引入，不仅推动了企业对社会责任的再思考，也推动了投资者和其他相关方的价值观转变，使资本市场逐渐重视企业的非财务性指标。

环境（E）维度是企业在进行可持续发展战略规划时至关重要的组成部分。随着全球气候变化问题的日益严峻，企业的环境责任日益受到社会各界的关注。在这一维度下，企业不仅需要遵守环境保护的法律法规，更应主动采取措施减轻生产经营过程中的环境负担。碳排放、废水排放和固体废物的处理等方面的表现，直接影响企业的可持续发展能力。企业通过推动绿色技术创新、节能减排措施以及循环经济的实施，不仅能够减少对自然资源的依赖，还能通过优化生产流程和降低废弃物排放，增强资源的再利用性和环境友好性。此外，企业在推动环境管理的同时，也能通过提高能源利用效率和降低排放成本，进一步提高其市场竞争力和盈利能力。因此，企业的环境绩效不仅是外部环境变化和政策趋严的应对，更是提高企业长远发展潜力的关键。

社会（S）维度关注企业与其员工、消费者以及社会公众之间的互动关系，尤其是企业如何履行社会责任，保障员工的合法权益和利益。随着社会对企业社会责任意识的提高，企业在员工福利、工作条件、培训发展、产品安全等方面的表现成为社会公众关注的重点。企业通过采取加强员工的职业技能培训、提供安全健康的工作环境、保障员工的权益等措施，不仅能够增强员工的忠诚度和工作满意度，还能提高整体生产力和创新力。而在消费者层面，企业需关注产品质量和消费者的健康安全，通过确保产品的安全性与可靠性，提高品牌信誉，增强消费者的信任感。企业的社会责任履行能够在提升品牌形象的同时，获得社会的广泛支持和公众的好感，进而促进企业在市场中的影响力。良好的社会责任实践有助于建立企业与社会之间的信任关系，形成良好的社会资本，增强企业在复杂多变的市场环境中的适应性。

治理（G）维度强调企业内部治理结构的有效性，直接关系到企业的合规性、透明度和长期健康发展。现代企业的治理不仅是指财务和管理的规范，更关乎企业的管理层决策是否符合股东和其他利益相关方的利益。企业需要通过建立健全的治理结构，确保管理层具备足够的决策能力，并能够公正、透明地执行企业战略，尤其是在董事会结构、股东权利、薪酬体系、合规性和反腐败机制等方面，做到透明公正。企业若能够有效治理，不仅能够减少管理风险，降低腐败和不正当行为的发生，还能提升企业的公信力和社会形象。在信息公开、内部控制和合规性方面，企业的治理结构越透明，越能够增强投资者、消费者和其他利益相关者的信任，进而带来资本和资源的支持，为企业的持续发展提供保障。

为了全面评估企业在环境、社会和治理方面的表现，多个国际组织和国内机构已经建立了较为完善的评估标准。例如，联合国发布的《全球报告倡议标准》（GRI）为全球企业提供了环境、社会和治理的可衡量指标，帮助企业在报告和披露其ESG（环境、社会、治理）表现时，有了更为科学和规范的依据。除此之外，CSR以及各类专业评级机构，也在不断完善ESG评估体系，为投资者和其他利益相关方提供了可信的参考指标。随着ESG评估体系的不断发展和完善，企业在各个维度的社会责任履行越来越成为全球投资和合作的重要决策因素，推动企业朝着更加可持续的发展方向迈进。

（二）全球 ESG 发展的政策与实践

联合国可持续发展目标（SDGs）是推动全球可持续发展的纲领性文件，该文件涵盖了经济、社会、环境等方面的目标。SDGs 目标的核心是为所有国家设定具体的可衡量目标，旨在实现全球的可持续发展。在这个框架下，ESG 理念成为实现这些目标的关键工具，许多企业和投资者通过将 SDGs 与自身的经营战略和投资决策相结合，推动社会与经济的绿色转型。

《巴黎协定》则要求全球各国在温室气体排放控制方面达成共识，并且要求企业在气候变化问题上采取积极行动。气候相关财务信息披露工作组（TCFD）则为企业在气候变化的相关财务风险披露方面提供了指导，鼓励企业公开气候变化对其财务表现的影响，并提高其在气候变迁风险管理中的透明度。此举为资本市场提供了衡量企业在气候变化方面表现的标准。

欧盟在推进 ESG 发展方面走在前列，《欧盟可持续金融分类方案》为投资者提供了明确的指南，帮助其识别哪些经济活动是可持续的，哪些能够被视为绿色经济或社会责任投资领域。该分类法的发布旨在促进资本流入环保、低碳、可持续的企业与项目，并推动企业和金融机构向绿色转型。此外，欧盟还通过制定一系列的政策法规，如绿色债券、气候风险披露要求等，强化了企业的 ESG 披露义务。中国的“双碳”目标，即碳达峰与碳中和目标，也为国内的 ESG 实践提供了政策支持。中国政府在此战略框架下，推动了企业在环境保护方面的责任承担，同时加快了绿色金融市场的建设，鼓励金融机构将环保、低碳项目纳入投资决策范畴。此外，中国还制定了严格的排放标准与绿色产业政策，促进了绿色投资与创新。

随着 ESG 理念的普及，全球资本市场对 ESG 投资的需求不断增长。ESG 投资不仅考虑企业的财务回报，还关注其社会影响、环境可持续性及治理结构。因此，越来越多的投资者将 ESG 指标作为评估企业长期可持续发展潜力的关键因素。如 MSCI、富时罗素等机构通过发布 ESG 评级，为投资者提供了对企业 ESG 表现的量化评价。这些评级不仅帮助投资者做出更加理性的投资决策，也推动了企业在环境保护、社会责任和治理结构等方面的透明化与规范化。

（三）ESG 对企业战略的倒逼机制

在当今的市场环境下，企业的可持续发展不仅依赖财务上的成功，更与其在 ESG 方面的表现密切相关。消费者对企业的期望越来越高，尤其是在环保和道德消费日益受到重视的背景下，企业的社会责任履行成为其品牌形象的关键。随着全球变暖、资源短缺和环境污染问题的不断加剧，消费者对企业是否积极采取环保措施、是否支持社会公正等问题更加敏感。不履行社会责任的企业容易遭遇公众抵制，甚至面临舆论危机，影响品牌声誉。因此，企业必须将ESG纳入其核心战略，并在运营中践行社会责任，以赢得消费者的支持和信任。

与此同时，投资者的关注焦点也逐渐从传统的财务指标转向非财务性风险，尤其是与气候变化、社会问题和治理相关的风险。近年来，越来越多的投资者开始将ESG标准作为评估企业投资价值的重要依据。在这些投资者看来，企业在环境保护、社会责任和治理方面的表现不仅是道德要求，更是影响企业长期竞争力和盈利能力的关键因素。企业如果未能有效管理这些风险，可能会面临来自资本市场的严峻考验，甚至失去投资者的青睐。因此，企业在制定发展战略时需要充分考虑如何通过良好的ESG实践来吸引并保持投资者的信任，同时通过合规和透明的方式增强投资者的信心。

此外，随着全球范围内监管环境的逐步收紧，政府和国际组织对企业在ESG领域的要求越加严格。很多国家已经制定了相关法律法规，要求企业披露其环境、社会责任和治理方面的数据，增加透明度和问责性。这些法规不仅加大了公众和投资者对企业的监督力度，也推动企业在ESG方面进行持续改进和优化。企业如果不及时适应这些变化，可能会面临法律风险和合规成本的增加。因此，企业在战略决策过程中必须积极应对这些监管要求，确保其ESG实践符合当地法规和国际标准，避免因违规而产生的财务和声誉损失。

随着全球经济发展日趋复杂，企业逐渐意识到短期的经济利益并不能保证其长期的可持续发展，尤其是在应对气候变化、资源枯竭、社会不平等等重大挑战时，企业的长期价值创造才是其真正的竞争力。为了应对这些挑战，企业需要在战略层面上做出更长远的布局，将可持续发展融入自身的经营和管理中。例如，企业可以在供应链中推动低碳排放，优化资源使用效率，减少对环境的负面影响。同时，加强对劳工保护的重视，确保供应链中的劳工权益得到有效保障，从而提升企业的社会责任表现，增强企业在市场中的竞争力。气候变化和供应链伦理问题正日益成为企业战略中的关键挑战，如何通过良好的ESG实践来解决这些问题，将直接影响企业的长期发展。

良好的ESG实践不仅能帮助企业减少潜在的环境、社会和治理风险，还能够为其带来更多的市场机会和竞争优势。企业通过实施绿色创新、优化资源使用和加强治理结构，不仅能够降低运营成本，提高生产效率，还能在行业中树立良好的品牌形象，提高消费者忠诚度和市场占有率。随着消费者和投资者对企业ESG表现的关注度持续上升，企业在这一领域的投资将成为其长期可持续发展的重要驱动力。对于企业而言，追求短期利润已不再是唯一目标，如何实现长期价值的创造，成了决策者和管理层必须深思熟虑的问题。企业只有通过持续的ESG投资和改革，才能在激烈的市场竞争中立于不败之地。

三、企业价值评估体系的演变及ESG融入的重要性

（一）传统企业价值评估体系的局限性

传统企业价值评估体系的局限性在于过度依赖短期财务指标，忽视了更为复杂和长远

的非财务因素。尽管财务指标如资产回报率（ROA）、股东权益回报率（ROE）等，为企业提供了关于财务健康的基本洞察，但这些指标往往仅反映了企业当前的盈利状况，未能全面反映企业在 ESG 方面的表现。随着全球市场的变革，单一的财务指标逐渐暴露出其局限性。企业可能采取减少环保投入、降低员工福利或压缩社会责任预算等短期措施，从而提高短期的盈利表现，但这些措施忽视了对社会和环境的长期负面影响，最终可能对企业的可持续性产生严重威胁。这种忽视长期价值的做法，不仅对企业自身的信誉造成损害，也可能导致外部利益相关者对企业的信任下降，进而影响企业在市场上的地位和竞争力[①]。

更重要的是，传统的财务评估体系未能将企业行为产生的外部性成本纳入考量。外部性是指企业活动对环境、社会和其他方面造成的影响，这些影响通常不会在财务报表中体现。例如，企业在生产过程中产生的污染、废弃物或碳排放，虽然对环境和社会产生了明显的负面影响，但这些成本未被直接计入财务报表。传统的财务报表未能反映这些未被市场价格充分反映的外部成本，导致企业在追求短期经济利益时忽视了对环境和社会的长期损害。随着全球对可持续发展和环境保护的关注日益增加，忽视这些外部性成本的做法可能会导致企业在未来面临越来越严格的监管要求和法律责任，同时影响其公众形象和品牌价值。越来越多的消费者、投资者和政府机构开始将企业的社会责任和环境绩效作为评估企业可持续性的关键因素，企业的长期发展不能仅依赖财务回报，更要考量其在推动社会和环境进步方面的表现。

此外，传统价值评估体系往往忽略了企业治理结构的透明度和有效性。治理维度的缺失使得企业在决策过程中可能未能充分考虑道德风险、管理层腐败和内部控制问题，这不仅影响企业的运营效率，也可能对企业的长期发展带来隐患。治理失当往往导致企业决策失误，最终影响其市场表现和声誉。例如，一些企业在治理结构不完善的情况下，可能会采取不道德的经营行为，导致诉讼或监管处罚，进而损害股东和社会的利益。因此，传统评估体系未能充分考虑治理结构的关键作用，这使得企业在处理长远问题时缺乏足够的预见性和战略性。

随着全球经济对可持续发展和社会责任的重视不断增加，传统的财务指标已经无法满足全面评估企业价值的需求。企业需要更加注重 ESG 等因素的长远影响，并在战略决策中将这些因素纳入考虑。只有通过引入更加全面的评估体系，结合财务指标和非财务指标，企业才能真正实现可持续发展，并在竞争日益激烈的全球市场中获得持久的竞争优势。

（二）ESG 融入企业价值评估的理论基础

利益相关者理论的核心观点是，企业的价值不仅由股东和投资者的经济利益决定，还

---

① 陈红，张凌霄．ESG 表现、数字化转型与企业价值提升［J］．中南财经政法大学学报，2023（3）：136－149．

包括员工、客户、供应商、政府以及整个社会的利益。在这一理论框架下，企业不应仅仅关注如何最大化股东的短期回报，而是应当考虑如何通过创造多维度的价值来满足不同利益相关者的需求。这一理念挑战了传统的股东价值最大化思想，强调企业的社会责任和环境责任。尤其是随着全球可持续发展理念的兴起，ESG 理念逐渐成为衡量企业综合价值的重要标准。

在实施 ESG 理念的过程中，企业不仅要在经济上实现盈利，更应考虑其运营对环境和社会的影响。通过在环境、社会责任和公司治理方面做出积极努力，企业能够提高其长期竞争力和品牌声誉，创造出符合各方利益的价值。在环境方面，企业需要减少碳排放、节约资源、实施绿色生产；在社会责任方面，则包括保障员工权益、推动社区福利、建立公平透明的供应链；在治理方面，企业则需要建立清晰的治理结构，保障决策的透明性和合法性。这些措施不仅能够增强企业在社会中的声誉，还能促使其在竞争激烈的市场中占据优势地位。

相比传统企业的利润导向，利益相关者理论强调企业应当综合考虑多方利益，并通过积极的社会和环境责任实践实现多方共赢。例如，企业在推动环境保护的过程中，可以通过采用节能减排的技术减少资源消耗，这不仅有利于降低运营成本，还能够提高企业在消费者和投资者中的良好形象，吸引更多有社会责任感的消费者和投资者支持。此外，通过合理的员工福利和培训，企业可以提高员工的生产力和忠诚度，减少员工流失，进一步提高企业的长期竞争力。与供应商的合作也不仅局限于降低成本，更包括共同推动可持续采购和公平贸易等社会责任项目。

可持续发展理论则进一步扩展了企业价值的维度，强调企业不仅要关注经济效益，还应当在环境和社会层面上负责任地运营。随着环境问题和社会问题的日益严重，单纯追求财务利润的做法可能会导致社会冲突和环境问题，从而影响企业的长期发展。因此，企业需要通过平衡经济、环境和社会效益的方式来实现可持续发展。具体来说，企业需要在生产、运营和营销等环节中，主动识别和减少对环境的负面影响，比如通过采用绿色能源、优化资源使用等手段来实现环保；同时，还需要关注社会责任，关心员工福利、社区发展等问题，以增强企业的社会认可度和公信力。

可持续发展理论并不意味着企业要放弃盈利，而是在追求经济效益的过程中，避免忽视社会责任和环境保护。企业如果只关注短期的经济回报而忽略长期的环境保护和社会责任，可能会面临政策、公众舆论甚至法律风险，这将对企业的可持续发展构成威胁。通过将 ESG 理念融入战略决策，企业不仅能够避免这些风险，还能够实现长期的稳定增长。可持续发展的关键在于，企业能够识别出社会、环境与经济的相互关系，通过综合考虑这三者的影响，最终实现全面的长期发展。

（三）ESG 表现对企业价值的传导机制

企业在 ESG 方面的良好表现能够通过多条途径传递到企业的长期价值上。首先，积极履行社会责任和环境保护责任的企业，能够提升投资者的信任感，从而降低融资成本。金融机构和投资者对这些企业的信用评估更加乐观，贷款利率或资本成本相对较低。其次，企业良好的 ESG 表现有助于品牌溢价的提高。消费者日益关注企业的社会和环境责任，选择那些符合自己价值观的品牌，这不仅增加了企业的市场份额，还能提高其产品的附加值。最后，ESG 良好的企业通常更能吸引长期资本的流入。长线投资者，如养老基金、社会责任投资基金等，通常偏好那些具有社会责任感和环境友好型经营模式的企业。通过这种方式，企业不仅能够在资本市场上获得更多的投资支持，还能够保持长期的财务稳定。

反之，若企业在 ESG 方面表现不佳，可能导致负面影响，进而影响企业的长期价值。首先，企业未履行环保责任、未遵守社会治理规范，可能面临来自监管机构的处罚和诉讼。例如，违法排污的企业可能遭遇高额罚款，甚至会被迫关闭部分生产线。其次，企业的不良 ESG 表现会导致声誉损失，消费者和投资者的信任度下降，进一步影响品牌形象和市场表现。最后，客户流失是负面影响的重要后果。消费者和合作伙伴可能不愿与忽视环境和社会责任的企业建立长期合作关系，导致企业失去市场份额和客户忠诚度。

（四）数字经济与 ESG 的耦合效应

数字技术的发展为 ESG 的实施提供了新的工具，特别是在数据采集和披露方面。随着大数据、物联网、人工智能等技术的应用，企业可以更加精确地追踪和分析其生产过程中的碳足迹、能源使用、废弃物排放等环境数据。例如，企业通过物联网设备可以实时监控工厂的排放情况，并利用大数据分析评估这些排放对环境的影响，从而优化生产流程，减少资源浪费。碳足迹追踪系统不仅为企业提供了精准的环境数据支持，还能够帮助企业向监管机构、投资者和公众披露其环境表现，增强透明度和信任。

数字技术在推动绿色转型方面也发挥了重要作用。例如，智能制造技术通过物联网、大数据和自动化系统的结合，实现生产过程的智能化管理。通过智能化设备和系统的实时监控，企业能够最大限度地降低能源消耗和废弃物排放，减少生产成本的同时，也减少了对环境的负面影响。此外，智慧城市的建设也借助数字技术的力量，通过智能交通、能源管理和建筑管理等系统的优化，显著降低碳排放、提高资源使用效率，推动城市在实现可持续发展的同时，改善居民的生活质量。

第二节 研究意义

一、理论意义：揭示数字经济与ESG协同作用的新机制

（一）拓展企业价值理论的研究边界

传统的企业价值评估体系主要依赖财务指标，如净资产收益率（ROE）、资产回报率（ROA）等，这些指标固然能够反映企业的财务表现，但它们在反映企业的长期价值方面存在局限，特别是在数字化和全球化加速的背景下。随着数字经济的兴起，企业的价值逐渐不再局限于传统的财务回报，而是更多地受数字化转型和ESG因素的影响。因此，构建一个包含数字经济要素和ESG维度的综合性价值分析模型显得尤为重要。这一模型将不仅关注传统的财务数据，还应结合数字经济的独特要素，如平台效应、网络外部性等，以及企业在环境保护、社会责任、公司治理等方面的实际表现，形成对企业价值的多维度、动态评估。

在数字经济时代，企业的ESG表现通过技术创新、数据赋能等路径对其长期价值的传导机制变得更加复杂。例如，企业通过人工智能、大数据等技术进行资源优化和环境管理，不仅提高了生产效率，也减少了对环境的负面影响，从而提升了企业的社会和环境价值。同时，企业在数字化过程中通过数据驱动的决策，也能够更有效地优化供应链管理，提高员工福利，增强治理透明度，从而改善企业在ESG方面的综合表现。因此，研究数字经济背景下的ESG表现如何通过技术创新和数据赋能路径影响企业的价值，将为我们提供更深入的理论依据和实践指导。

随着全球经济、社会和环境条件的变化，ESG理论体系也需要不断完善和调整，以适应新的发展需求。例如，随着技术的进步，尤其是数字技术的飞速发展，企业面临的社会责任和治理挑战也在不断变化。企业不仅要应对气候变化、资源浪费等传统问题，还需要面对数字化带来的新问题，如数据隐私、人工智能伦理等。因此，完善ESG理论体系的动态适配性，能够帮助企业和投资者更好地应对新兴的风险和机遇，保持与时俱进的战略调整能力。

区块链技术具有去中心化、不可篡改和透明性强的特点，非常适合用于提高企业ESG信息披露的真实性和实时性。通过区块链技术，企业可以确保ESG数据的真实性和透明度，尤其是在环境数据、社会责任履行等方面的公开披露。区块链技术能够实时记录企业的ESG行为，确保所有相关数据都可以追溯且不易篡改，增加投资者和公众对企业ESG

表现的信任度。通过区块链，企业不仅能够提高信息披露的可信度，还能确保 ESG 数据在全球范围内的透明共享，有助于推动全球资本市场向可持续投资方向转型。

随着全球对气候变化问题的关注日益增加，碳足迹成为衡量企业在环境保护方面表现的关键指标之一。数字化转型为企业提供了强有力的工具来精准追踪和减少碳排放。通过智能传感器、物联网、大数据分析等技术，企业能够实时监控各个生产环节的碳排放，并根据实时数据进行调整。这种技术不仅提高了企业在环境保护方面的效率和透明度，也帮助企业降低了碳排放成本，增强了企业在市场中的竞争力。数字化转型推动了企业从传统的碳足迹计算向实时监测和动态优化转变，为全球实现碳中和目标提供了技术支持。

随着全球供应链的复杂化，企业在供应链中的伦理问题逐渐受到更多关注。数字化转型能够通过供应链管理系统、区块链技术等手段，追溯和记录供应链中的每个环节，确保各个环节符合社会的伦理责任。例如，区块链可以帮助企业追溯其原材料的采购来源，确保没有使用童工或违背人权的劳动力；同时，供应链管理系统可以实时监控各个供应商的环保和社会责任履行情况，从而避免与不符合伦理标准的供应商合作。这种数字化的手段，不仅提高了供应链管理的透明度，还增强了企业在伦理方面的责任感和市场竞争力。

（二）填补交叉学科研究的实证空白

数字经济中的平台效应和网络外部性对企业的 ESG 表现及其价值效应有着重要影响。平台效应指的是平台的参与者越多，平台的价值越大，而网络外部性则意味着一个企业的 ESG 表现不仅对自身有影响，还会影响到其合作伙伴和消费者。在这一框架下，量化分析数字经济特征对企业 ESG 表现及其价值传导的影响，可以揭示数字化转型如何放大或调节企业在 ESG 方面的影响力。这为我们理解数字经济和 ESG 之间的相互作用提供了新的视角和方法。

随着技术的不断进步，数字经济和可持续发展之间的关系日益紧密。建立“技术—ESG—价值”三元联动理论框架，可以帮助我们更好地理解技术创新如何通过推动 ESG 表现，进而影响企业的长期价值。该框架将技术创新视为推动 ESG 战略的关键因素，通过分析技术如何在降低碳排放、提升社会责任和完善治理结构等方面发挥作用，揭示数字化如何促进可持续发展与企业价值的协同增长。这一框架不仅丰富了可持续发展理论，也为企业在实践中如何结合数字化转型与 ESG 目标提供了新的理论指导。

二、实践意义：赋能企业与资本市场的决策优化

（一）指导企业战略转型方向

在当前的全球经济背景下，企业面临着平衡短期盈利与长期可持续发展的双重挑战。短期盈利压力往往迫使企业通过削减成本、增加产量等手段来实现经济效益，但这些做法

可能会忽视环境保护和社会责任，损害长期发展潜力。数字技术的引入为企业提供了绿色生产模式的转型路径，利用数字化手段实现生产过程的智能化和高效化，从而降低资源消耗、减少碳排放，并提高资源的循环利用率。例如，通过物联网和大数据分析，企业可以实时监控和优化生产过程中的能源使用和废弃物处理，达到减轻环境负担的目的，同时提高生产效率和降低生产成本。这种绿色生产模式不仅有助于企业在短期内实现经济效益，还能增强其在全球绿色经济转型中的竞争力。

随着 ESG 标准日益受到全球投资者和消费者的关注，企业的 ESG 表现直接影响其品牌声誉和市场形象。良好的 ESG 表现有助于增强消费者和投资者的信任，提高品牌价值和客户忠诚度。企业通过改进环境保护措施、优化社会责任履行以及完善治理结构，可以有效提升品牌形象，从而吸引更多的消费者和投资者。与此同时，企业的 ESG 表现也影响其融资成本，越来越多的金融机构开始根据企业的 ESG 评估报告来调整融资利率，表现良好的企业可以享受较低的融资成本。此外，良好的 ESG 实践还能够有效规避政策风险，避免由于未履行社会责任或违反环保法规而导致的法律诉讼、罚款及声誉损失。通过这些方面的优化，企业能够在市场中占据有利位置，确保长期可持续的发展。

（二）优化投资者价值评估工具

在数字经济背景下，传统的企业估值方法主要依赖财务指标，如市盈率（P/E）、市净率（P/B）等。然而，这些传统模型未能充分反映企业在环境保护、社会责任和治理结构等非财务领域的表现。为此，构建融合 ESG 因子的数字经济企业估值模型成了新的发展方向。这个模型将结合企业的数字化转型进程和绿色转型进展，综合评估企业的财务健康状况与其在 ESG 方面的表现。例如，企业在数字化升级过程中如何利用智能制造减少碳排放，或在数字平台的帮助下如何优化供应链管理，都是评估其长期价值的关键因素。通过这种方式，机构投资者可以识别那些在“数字＋绿色”双赛道上表现突出的标的，帮助其做出更具前瞻性和全面的投资决策。

数字化转型为企业带来了显著的增长机会，但也伴随着一系列新的风险，尤其是在 ESG 方面。例如，随着大数据和人工智能的广泛应用，企业可能面临数据隐私泄露的风险，这不仅会导致用户信任的丧失，还可能引发监管处罚和治理危机。为了帮助投资者识别和规避这些潜在风险，投资者需要通过更加精细化的 ESG 评估模型，实时监控企业在数字化过程中的隐私保护、数据治理等方面的表现。预警系统能够分析企业在数据处理中的合规性，评估其在数据泄露、网络安全等方面的风险，并为投资者提供及时的风险预警。这种预警机制将有助于降低投资者在数字化背景下面临的 ESG 风险，提高投资决策的科学性和准确性。

（三）推动行业标准与评价体系革新

在数字经济时代，ESG 信息披露的透明度和标准化越来越成为全球监管机构关注的重点。传统的 ESG 报告往往侧重于企业的环境影响和社会责任，但随着数字技术的引入，数据采集和披露的范围和频次也应当与时俱进。例如，企业在信息技术应用、数据保护等方面的表现逐渐成为重要的 ESG 评估维度。监管部门需要制定适应数字经济背景下的 ESG 信息披露规则，明确企业在数字化转型过程中的数据采集标准、频次和报告内容，确保信息披露的全面性和准确性。这不仅有助于提高企业的透明度，还能够为投资者提供更全面的决策依据，并推动全球可持续投资的规范化发展。

第三方评级机构在企业 ESG 表现的评价中起着至关重要的作用。随着数字技术在企业运营中的应用不断深入，传统的 ESG 评级模型已经无法全面反映企业在数字化转型中的真实表现。为了更准确地评估企业的综合价值，第三方评级机构需要在现有的 ESG 评级体系中增加新的维度，特别是关于数字化能力和数据治理的部分。例如，企业如何通过大数据和人工智能提高运营效率，如何保证数据隐私与安全，以及如何在数字化转型过程中平衡社会责任和盈利目标，都是现代 ESG 评级中不可忽视的重要因素。通过优化这些评级指标，第三方评级机构可以为投资者提供更加精准的企业评估，促进资本市场向更加可持续、绿色和负责任的方向发展。

三、政策意义：促进经济高质量发展的战略协同

（一）支持“双碳”目标与数字中国建设的深度融合

在实现“双碳”目标的过程中，数字技术发挥着至关重要的作用，尤其是在绿色转型过程中，帮助企业和社会降低环境影响的同时，还能提高效率并节约成本。智慧能源系统是其中最具代表性的数字化解决方案之一。通过大数据、物联网、云计算等技术，智慧能源系统能够实现能源的实时监控与优化配置，降低能源消耗并提高能源使用效率。例如，在工业生产中，智慧能源管理平台通过实时采集和分析设备的能耗数据，精准预测能源需求并进行动态调整，避免能源浪费，减少碳排放。这种技术的应用不仅帮助企业在实现绿色目标的同时降低成本支出，还为整体社会的碳减排目标贡献了力量。类似的数字技术应用包括智能交通系统、电力供应系统的智能调度和优化等，这些都在推动绿色转型和实现“双碳”目标中起到了降本增效的重要作用。

为了推动“双碳”目标的实现，政策激励需要更精细化和系统化。数字基础设施是实现低碳目标和数字中国建设的重要支撑，通过数字基建的投资，国家可以加快对绿色技术的研发和应用推广，特别是在能源、交通、建筑等高能耗行业。可以通过建立数字基建投资与碳配额交易的联动机制来激励绿色投资。在这种机制下，政府可以通过碳交易市场来调节企业的碳排放，并通过数字化工具监控和优化碳排放，确保碳配额得到合理分配与使用。同时，对于符合环保标准和推动绿色转型的企业，可以加大力度给予税收优惠或补贴，激励企业加大对数字基础设施的投资。这种联动机制不仅能加速“双碳”目标的实

现，还能推动数字中国建设，为经济转型提供有效支持。

（二）助力全球可持续发展议程的本地化实践

中国在数字经济领域的快速发展为全球可持续发展提供了许多创新的实践经验。特别是在推动企业 ESG 实践方面，中国的数字经济企业通过数字化转型有效地推动了绿色发展和社会责任履行。例如，某些中国科技公司通过使用大数据和人工智能技术优化生产过程，不仅降低了碳排放，还通过智能物流和精准供应链管理减少了能源消耗。通过案例分析，可以为新兴经济体提供实践范本，帮助它们在发展数字经济的同时，融合 ESG 理念，实现经济增长与环境保护、社会责任的平衡。这些案例展示了如何利用数字经济促进可持续发展，并为其他国家特别是新兴经济体提供切实可行的政策建议和实施路径。

在全球数字经济一体化进程中，跨境数据流动成为推动国际贸易和全球合作的重要环节。然而，跨境数据流动面临着数据隐私保护、网络安全和法规不同等问题，尤其是在 ESG 标准的执行过程中，各国标准的差异可能导致合作障碍。为此，建立一个有效的跨境数据流动规则与 ESG 标准互认机制显得尤为重要。在“数字丝绸之路”框架下，可以探索各国在数据流动与 ESG 标准方面的协同路径，推动全球范围内的数据治理与可持续发展目标的统一。通过制定国际化的数字治理规范，明确跨境数据流动中的隐私保护、数据共享和 ESG 报告标准，能够增强国家之间的相互信任，为全球经济和社会的可持续发展奠定基础。

（三）推动宏观经济治理体系现代化

随着数字化转型的推进，企业的 ESG 表现可以通过数据化监控实现实时跟踪。政府可以利用这些数据优化产业政策的精准性，动态识别哪些高污染行业需要进行数字化改造。例如，利用大数据和物联网技术监控企业排放情况，并通过数据分析识别哪些企业存在较高的污染风险，哪些行业需要优先推动绿色转型。政府可以根据这些数据制定相应的政策。例如，对高污染行业持续进行税收调整，提供技术升级补贴，或者通过绿色信贷引导资金流向环保领域。通过数据化监测，政府能够制定更具针对性的政策，促进传统产业的绿色转型，提高宏观经济治理的科学性和精准度。

为了提高政府在宏观经济治理中的监管效能，建立基于数字平台的 ESG 政策评估反馈系统至关重要。通过数字化手段，政府能够实时获取企业的 ESG 数据和行为表现，及时评估现行政策的效果，并根据市场和企业的反应调整政策。这种评估反馈系统可以整合来自不同部门的 ESG 数据，如环保、劳动、社会福利等方面的信息，形成跨部门的协同监管机制。政府能够通过这种系统实时监控企业的社会责任履行情况、碳排放水平、劳动条件等多维度数据，确保政策执行的有效性，并在发现问题时及时响应。此外，这种数字平台还能够为政策的公开透明提供支持，增强政府监管的公信力，促进企业和公众的合规行为，进一步推动可持续发展目标的实现。

四、方法论意义：研究工具与分析范式

在当前的数字经济背景下，企业面临的挑战和机遇不断变化，尤其是在 ESG 领域的实践和评估中，技术的应用变得越来越关键。为了更好地理解和评估企业的 ESG 表现与其长期价值之间的关系，开发多源异构数据的整合技术成了一项重要任务。这项技术的核心是整合来自不同来源和格式的数据，包括财务数据、非结构化文本、社交媒体数据、用户行为数据以及供应链管理数据等。通过对这些数据的有效整合，可以为分析企业的 ESG 表现提供更加全面、准确的视角，突破传统财务数据的局限性，从而实现更加精准的价值评估。

在这方面，应用自然语言处理（NLP）技术解析企业 ESG 报告中的非结构化文本数据是非常重要的。大部分企业的 ESG 报告包括大量的非结构化文本信息，这些信息往往包含了公司治理、社会责任和环境保护等方面的核心内容。然而，如何从这些冗长的文本中提取有用的 ESG 指标，成了数据科学家面临的巨大挑战。NLP 技术的引入，使得企业能够通过自动化手段从大量非结构化数据中提取有价值的信息，比如自动识别出企业在环境保护方面的承诺，社会责任的履行情况等，从而更好地评估其 ESG 表现。

除了文本数据以外，数字经济指标（如用户活跃度、数据资产规模、网络效应等）正日益成为企业 ESG 表现的核心变量。利用机器学习算法来挖掘这些数字经济指标与 ESG 评分之间的关联性，可以帮助企业识别其在数字化转型过程中如何有效提升其社会责任和治理结构。通过这些算法，能够揭示出企业在数字经济领域的扩展与其社会、环境影响之间的相互关系，进而为企业提供数据驱动的决策支持。

在对企业长期价值进行评估时，构建动态面板分析模型具有重要意义。这种模型能够跟踪企业在多个时间点的 ESG 表现与财务指标，并通过控制个体效应和时间效应的变化，揭示出 ESG 表现与企业价值之间的动态关系。通过对不同时间段数据的面板分析，可以更加精准地识别出 ESG 措施对企业价值的长短期影响，避免了传统静态分析中对时序效应的忽略。

设计一个包含数字技术渗透率、ESG 评级变动与企业价值波动的跨期因果推断模型，将进一步加强对企业在数字化转型过程中 ESG 表现的评估。这一模型能够通过跨期分析，不仅揭示企业数字化进程与其 ESG 评级之间的因果关系，还能分析这种关系如何在不同时间段影响企业的市场表现和长期价值。这样，不仅能够为投资者提供更为科学的决策依据，也能为政策制定者和企业管理层提供数据支持，帮助他们优化战略调整。

探索案例研究与大数据分析的融合路径，采用混合研究方法（定量＋定性）揭示头部科技企业 ESG 实践的标杆效应，也是推动数字经济与 ESG 融合的重要途径。通过结合案例研究的深入洞察与大数据分析的广泛数据支持，可以全面了解头部科技企业如何通过数

字化手段实现 ESG 目标，同时也揭示其对整个行业和市场的标杆效应。这种研究不仅能为其他企业提供可借鉴的经验，还能为投资者识别出具有优秀 ESG 表现的企业，从而为可持续投资提供方向。

随着数字技术的发展，数字孪生技术作为一种创新性工具，在 ESG 战略的长期影响评估中也展现出巨大潜力。通过模拟不同 ESG 策略对企业价值的长期影响轨迹，数字孪生技术能够为企业提供一个虚拟环境来预测各种决策在现实中的实际效果。这种技术能够帮助企业在进行 ESG 策略调整时，提前评估其可能带来的财务效益和社会效益，从而避免潜在的风险，并优化决策过程。数字孪生技术的应用，不仅是对传统 ESG 评估方法的补充，更是推动企业 ESG 实践数字化、智能化的重要一步。

第三节　研究范围与方法

一、研究范围的界定

（一）研究对象的时间与空间范围

1. 时间跨度

本书选定的时间跨度为 2015 年至今，这一时期恰逢数字经济和 ESG 理念的关键发展阶段，是全球经济、技术和社会环境变革的重要节点。从 2015 年开始，数字技术迅猛发展，大数据、人工智能、云计算等技术的突破和应用，不仅推动了产业结构的转型，还加速了全球数字经济的普及和深度融合。企业在生产、管理和决策中的数字化转型逐渐成为不可逆转的趋势，数字技术被广泛运用于优化运营效率、提高客户体验、增强供应链透明度等方面，推动了商业模式的创新和全球化进程。

与此同时，ESG 理念的普及也进入了一个关键时期。随着气候变化、社会公平、企业治理等问题在全球范围内的关注度不断提升，企业的社会责任逐渐成为公众、消费者、投资者以及监管机构关注的重点。2015 年，联合国发布了《2030 年可持续发展议程》，并确立了 17 个可持续发展目标（SDGs），这些目标为全球企业提供了可持续发展的方向，并促使企业在战略层面越来越重视环境、社会和治理的责任。尤其是在气候变化和环境问题日益严重的背景下，企业不仅面临来自政府和市场的压力，还要面对投资者日益增长的对 ESG 因素的关注。ESG 标准逐渐成为衡量企业长期绩效和社会责任的重要指标，尤其在资本市场中，投资者越来越倾向于选择在 ESG 方面表现良好的企业。

在此过程中，数字经济不仅推动了产业的数字化转型，还使得 ESG 理念得到了实际的应用。许多企业开始意识到，数字技术不仅能帮助他们降低成本、提高效率，还能在促进可持续发展方面发挥重要作用。这一时期，企业的经营模式、管理理念、技术应用等方面的变化，为后续的企业可持续发展转型提供了理论和实践依据。因此，选取 2015 年至今这一时期作为研究的时间框架，能够精准地捕捉到数字经济与 ESG 理念融合的关键时刻，深入剖析二者之间相互作用的动态过程，并为未来数字经济时代企业的可持续发展与转型提供指导意义。

2. 地理范围

在地理范围的选择上，本书主要聚焦于中国上市公司。中国是全球数字经济发展最为迅速的国家之一，尤其是在互联网平台、云计算、人工智能、电子商务等领域，已经逐步形成了全球领先的产业生态。通过研究中国 A 股上市公司，可以更全面地了解国内企业在数字经济背景下的 ESG 表现、可持续发展战略及其价值创造能力。A 股市场作为中国资本市场的重要组成部分，包含了多家在数字经济领域深度布局的企业，这些企业在技术创新、商业模式转型及社会责任履行等方面的实践，能够提供丰富的案例和数据支持，从而为中国企业如何在数字经济和 ESG 理念的双重驱动下实现可持续发展提供重要的实践指导。

除了聚焦中国上市公司外，本书还将延伸对比欧美数字经济头部企业，尤其是在 ESG 实践方面表现突出、具备较高透明度和成熟经验的公司。欧美企业在数字经济和 ESG 领域的探索和实践相对较早，特别是在数字化转型和社会责任履行方面，积累了较丰富的经验。例如，欧美一些领先企业在利用数字技术优化环境管理、提高社会价值和治理结构透明度等方面已取得了显著成效，这为中国企业提供了可借鉴的经验。在进行中外企业对比的过程中，本书将着重分析不同地域和市场环境下，数字经济与 ESG 理念结合的差异，以及不同国家和地区在政策、监管和市场需求等方面的不同影响。

（二）行业覆盖范围

本书覆盖数字经济的核心产业，主要包括互联网平台、云计算服务、人工智能、电子商务等领域。这些行业在过去几年中迅速崛起，成为全球经济增长的重要引擎。互联网平台通过连接供需双方，重塑了全球商业模式；云计算服务通过提供低成本、高效的计算能力，推动了企业数字化转型；人工智能则推动了产业自动化和智能化；电子商务进一步推动了全球商品和服务的流通。因此，这些行业不仅是数字经济发展的核心力量，它们的 ESG 表现也对于推动行业可持续发展具有重要影响。

除了数字经济核心产业以外，传统行业的数字化转型也是研究的重要内容。智能制造通过引入物联网、人工智能等技术，优化生产流程，提高产品质量和生产效率，从而在确保绿色可持续发展的同时，增强了传统产业的竞争力。智慧能源领域则通过数字技术优化能源的生产和使用，减少资源浪费，提高能源利用率，进而推动可持续能源发展。数字金融作为数字化转型的重要组成部分，通过大数据、区块链等技术，提高了金融服务的效率和透明度，同时加强了风险管理和对社会责任的履行。这些转型产业的 ESG 表现同样值得关注，因为它们不仅涉及传统行业的绿色转型，还在推动经济数字化进程中起到了关键作用。

本书排除了受政策强监管且数据不透明的行业，如军工和部分资源垄断行业。这些行业通常具有较高的政策敏感性和安全性要求，因此其在 ESG 方面的信息披露较为有限。同时，这些行业的市场结构和监管环境使其 ESG 表现难以进行透明的量化评估，且涉及的社会责任和治理问题较为复杂，因此不适合纳入本书的行业范围。

（三）企业类型与规模分层

本书根据企业的所有制性质，将企业分为国有企业、民营企业和外资企业三类。国有企业通常在政府政策和监管方面有更强的依赖，其 ESG 表现可能受政策推动较多。民营企业则更加注重市场需求和社会责任的平衡，其在 ESG 实践中的灵活性和创新性较强。外资企业在进入中国市场时，通常带有较为成熟的 ESG 体系，因此，它们的 ESG 表现可能更加规范和系统。通过对不同所有制企业的比较，可以揭示不同类型企业在数字经济和 ESG 实践中的差异性，为政策制定和企业管理提供更有针对性的建议。

在企业规模分层上，本书将企业按照市值规模划分为大型科技企业和中小型创新企业。大型科技企业，尤其是市值超过 500 亿元的企业，通常拥有更多的资源用于投资数字化和 ESG 实践，因此，它们的 ESG 表现和数字经济参与度可能更为突出。而中小型创新企业虽然面临资金和资源上的限制，但在数字化转型和创新驱动方面常常具有较强的灵活性，能够在细分市场中通过创新实践推动 ESG 发展。通过对这些企业的比较，可以深入分析企业规模对 ESG 表现的影响，以及规模不同的企业如何在数字经济中进行战略布局和价值创造。

（四）ESG 表现的维度限定

1. 环境

在环境维度上，本书将从多个关键指标入手，全面评估企业在数字经济背景下的环境影响及其绿色转型的成效。碳排放强度是本书的核心指标之一，它直接反映了企业在生产运营过程中排放温室气体的多少。因此，碳排放强度的降低代表企业在减轻环境负担、应对气候变化方面的积极行动。随着全球对气候变化问题的日益关注，各国政府也加强了碳排放监管，许多企业已将减排目标纳入其长期战略，并通过技术创新、绿色供应链等方式，推动碳排放强度的持续下降。

绿色技术专利数量作为另一个重要指标，能够较好地反映企业在绿色技术领域的创新能力与技术储备。企业通过研发和应用绿色技术，不仅可以提高生产效率，降低能源消耗，还能够提高其在环保领域的竞争力。绿色技术专利数量的增加，标志着企业在推动绿色转型方面的积极进展，同时也反映了企业在数字化转型过程中如何有效运用新技术（如人工智能、物联网、大数据等）来促进环保和可持续发展。例如，企业可以通过数字技术实时监控排放情况，精确调节生产过程中的能源消耗，或通过智能化设备提高能源使用效率。

能源使用效率则是另一个关键维度，它衡量的是企业在生产过程中对能源的有效利用程度。提高能源使用效率不仅是实现绿色转型的必要条件，还能够直接推动企业降低运营成本，并符合全球可持续发展的趋势。数字技术，特别是物联网和大数据技术，在提高能源使用效率方面发挥了重要作用。通过实时监控和数据分析，企业能够精确掌握各个环节的能源消耗情况，并及时采取节能减排措施，最大限度地减少资源浪费。这种精细化管理模式不仅能够降低环境压力，还能为企业带来可观的经济效益。

2. 社会

在社会维度上，本书将从多个关键指标着手，深入探讨企业在数字经济时代如何履行社会责任及其对社会的影响。

首先，数据隐私保护水平已成为衡量企业社会责任的重要指标之一。随着数字化进程的推进，企业收集和处理的数据量不断增加，消费者的个人信息保护问题逐渐成为公众关注的焦点。企业如何保护用户数据，避免数据泄露和滥用，直接关系到其品牌形象和客户信任度。近年来，全球范围内的隐私保护法规逐步完善，尤其是欧盟的GDPR（《通用数据保护条例》）等政策的出台，要求企业加强数据保护。因此，数据隐私保护水平不仅影响企业的合规性，还直接影响其在消费者和投资者眼中的社会责任形象。企业若能够通过技术手段强化数据加密、防泄漏系统，并积极响应数据保护法规，将有助于提高其社会责任履行的水平。

其次，供应链劳工权益保障是社会维度中的另一个关键指标。随着全球化进程的加快，许多企业将生产环节外包给第三方供应商或在不同国家设立生产基地。然而，供应链中的劳工权益保障问题，尤其是劳动条件、工资待遇以及工作环境，常常成为国际社会关注的热点。企业如何通过有效的管理机制，确保其供应链中的所有合作方都遵循劳动法和伦理标准，保障工人的基本权益，是其社会责任的体现。近年来，企业逐步认识到，推动供应链中的劳工权益保障不仅有助于减少法律和社会风险，还能够提升品牌声誉和消费者忠诚度。通过透明化的供应链管理和定期审查，企业能够更好地管理劳工权益，减少潜在的社会责任问题。

最后，公益投入占比则反映了企业在社会责任方面的具体投入和影响。随着企业社会责任理念的日益普及，越来越多的企业将公益事业纳入其发展战略中，推动社会福祉的提升。公益投入不仅局限于企业的资金捐赠，还包括通过员工志愿活动、企业资源支持等形式，积极参与社会问题的解决。企业通过公益项目回馈社会，不仅能够提高社会的整体福利，还能增强企业的社会形象和公众认可度。在数字经济时代，企业通过数字技术可以更加高效地组织和开展公益活动。例如，借助互联网平台，企业能够快速动员员工和消费者参与公益项目，实现资源的共享和效益的最大化。

3. 治理

在治理维度上，本书将重点关注数字化治理架构、董事会多样性和反腐败机制的有效性，这些都是企业在推动可持续发展过程中不可忽视的关键因素。

首先，数字化治理架构在企业治理中的重要性逐渐显现。随着数字技术的进步，企业逐步认识到，传统的治理结构已无法满足数字经济时代的复杂需求。因此，数字化治理架构通过应用大数据、云计算、人工智能等技术，帮助企业提高治理效率和透明度。企业通过数字平台和智能系统对内部流程进行实时监控，提高决策的科学性和精确度。例如，借助数字化工具，企业可以实现财务审计、风险管理和合规监管的自动化，从而降低人为错误和违规风险。此外，数字化治理还加强了企业与外部利益相关者之间的信息流通，提高了企业在公众、投资者和监管机构中的信任度，进一步推动了企业治理结构的优化和现代化。

其次，董事会多样性作为治理结构的重要组成部分，越来越被视为企业社会责任的一部分。多样化的董事会能够更全面地反映不同群体的声音和需求，从而增强决策的全面性和前瞻性。研究表明，董事会成员的性别、年龄、文化背景等多样性与企业的创新能力和绩效有着密切关系。一个具有多样化背景的董事会往往能够从多个视角出发，提出创新的解决方案，并对社会责任有更高的敏感性。在数字经济背景下，企业的董事会需要具备跨行业、跨文化的视野，以应对全球化和数字化带来的各种挑战。多样化的董事会不仅能提高企业的社会形象，还能够为企业在竞争激烈的市场中提供更具战略眼光的领导力。因此，推动董事会多样性不仅是企业提升治理质量的有效途径，也是其承担社会责任的体现。

最后，反腐败机制的有效性是治理结构中的关键指标之一，尤其在数字经济时代，反腐败的挑战更加复杂。随着企业在全球范围内扩展业务，涉及的法律、文化和运营环境更加多样化，腐败行为的发生变得更加隐蔽。为了有效预防和治理腐败，企业需要建立完善的反腐败制度和严格的执行机制。例如，通过内部审计、反腐败培训以及合规性监管，企业可以实时识别和防范潜在的腐败行为。此外，随着数字化技术的应用，企业可以利用区块链技术和大数据分析来追踪透明化财务流动和合约执行，增加反腐败机制的透明度和公正性。有效的反腐败机制不仅有助于企业避免法律风险，还能增强企业的社会责任感，提升其在社会中的声誉。

二、数据来源

企业的 ESG 表现通常通过第三方评级机构提供的评级数据进行评估，华证指数、商道融绿、MSCI 等都是业内广泛认可的 ESG 评级机构。华证指数和商道融绿等国内机构通过结合社会责任、环境保护和公司治理等因素，提供适用于中国市场的企业 ESG 评价，而 MSCI 等国际机构则提供全球范围内的评级数据。这些评级数据不仅帮助投资者识别出 ESG 表现突出的企业，还为政策制定者提供了更为客观的企业可持续发展表现评估。利用这些数据可以为研究提供一个可靠的基准，使企业的 ESG 表现得到科学且统一的衡量，从而更好地揭示数字经济与 ESG 实践之间的关联性。

为了对企业的财务状况和经营成果进行全面分析，财务数据是不可或缺的。Wind、CSMAR 等金融数据库提供了中国资本市场的详细财务数据，包括资产负债表、利润表、现金流量表等关键财务信息。通过这些数据库，研究者可以获得企业的基本财务状况，进一步分析其财务健康状况与 ESG 表现之间的关系。此外，上市公司的年报中通常会披露与财务相关的信息，尤其是对盈利能力、增长潜力、负债水平等关键指标的分析，这对企业价值评估至关重要。年报数据将与 ESG 评级数据结合使用，为全面评估企业的数字化转型与可持续发展提供重要依据。

数字经济指标是衡量企业在数字化转型过程中表现的关键数据。工业和信息化部发布的《中国数字经济发展指数报告》提供了关于中国数字经济整体发展的权威数据，包括数字化程度、互联网经济对 GDP 的贡献等核心指标。除此之外，企业研发投入中的数字化占比也是衡量企业数字化转型的重要指标。企业在数字化创新方面的投入直接影响其在数字经济领域的竞争力。因此，研发投入的数字化占比能反映企业在推动技术创新和实现可持续发展的关键领域的投入情况。结合这些数字经济指标，可以更准确地识别企业在数字经济时代的转型力度和 ESG 表现之间的内在联系。

三、研究方法体系设计

（一）文献研究法

文献研究法将通过系统梳理数字经济、ESG 和企业价值之间的理论关联，深入挖掘现有文献中的研究缺口。数字经济的崛起使得企业的价值不仅受到传统财务指标的影响，还受到社会、环境以及治理方面的制约。ESG 作为衡量企业非财务表现的指标体系，与数字经济发展紧密相关，数字化转型可能推动企业在环境保护、社会责任和治理结构方面的创新，从而提高企业的长期价值。然而，现有文献中关于数字经济如何通过技术赋能实现 ESG 目标，并最终对企业价值产生长期影响的实证研究尚显不足。因此，系统梳理数字经济与 ESG、企业价值之间的理论关联，有助于填补这一研究空白，为后续实证研究提供理论基础。通过全面回顾已有文献，可以明确数字经济对 ESG 实践的推动作用以及这种转型对企业价值的具体影响，为下一步的实证分析奠定理论框架。

基于已有文献和理论的梳理，本书将构建一个“技术赋能—ESG 实践—价值创造”的理论分析框架。在这一框架中，技术赋能是数字经济驱动企业进行绿色转型、社会责任履行及优化治理结构的核心力量。通过技术手段（如大数据、人工智能、区块链等）企业能够提高其环境效益、社会效益和治理效率，从而推动企业的可持续发展和长期价值创造。框架中的“ESG实践”指企业在环境保护、社会责任和公司治理方面的具体行动，而“价值创造”则着重于衡量企业如何通过这些实践提高市场表现、减少风险、增加品牌价值等。该框架将帮助分析在数字经济背景下，企业如何通过ESG实践实现技术驱动的价值创造，并进一步提高其在全球市场中的竞争力。

（二）对比分析法

对比分析法包括横向对比法和纵向对比法。

1. 横向对比法

横向对比法用于分析不同数字化水平的企业在ESG表现方面的差异。企业的数字化水平对其ESG实践有着深远的影响。高度数字化的企业往往具备更强的技术驱动能力和资源整合能力，能够通过技术创新降低碳排放，推动社会责任履行并优化治理结构。例如，一些数字化转型较为成熟的企业，在数据保护、环保技术创新等方面表现突出，推动了其在全球市场中的可持续竞争力。相反，数字化水平较低的企业可能会在ESG表现上处于劣势，面临较大的资源浪费和管理效率低下问题。通过对不同数字化水平企业的横向对比，可以揭示数字化转型如何影响企业在ESG领域的战略实施和实际效果，为其他企业的数字化转型提供经验和启示。

2. 纵向对比法

纵向对比法则用于分析企业在数字化转型过程中的ESG评级变动趋势。随着数字化转型的推进，企业在技术赋能、社会责任和治理结构方面的表现会发生显著变化。企业的数字化进程不仅涉及生产流程、供应链管理的数字化，还包括在绿色技术、数据保护、人工智能伦理等方面的应用。因此，通过纵向对比分析，能够捕捉到企业数字化转型前后在ESG评级方面的变化。评估这种变化，可以揭示数字化转型是否有效推动了企业的环境改善、社会责任履行和治理结构优化，从而评估其在市场中的价值提升和长期竞争力。

为了更全面地理解数字经济时代企业ESG表现的国际差异，本书还将进行国际对标分析，比较中美欧头部科技企业在ESG价值传导效率上的差异。中美欧三大经济体在数字经济发展、政策支持、市场需求等方面存在显著差异，这些差异直接影响企业在ESG实践中的表现和价值创造能力。例如，美国和欧洲的许多科技企业在环境保护、社会责任和公司治理方面已有较长期积累的经验，且对ESG的关注程度较高，表现出较强的ESG价值传导能力。中国的科技企业则在数字经济快速发展的同时，逐渐加大了ESG投资和管理，但整体上仍处于赶超阶段。通过对比分析，能够发现各地区企业在ESG实践中的差异，以及这些差异如何影响其长期价值的创造和市场竞争力，为全球化的企业管理和投资决策提供参考。

（三）案例研究法

在案例研究法中，本书选择对 3 家具有代表性的企业进行深入分析，分别是阿里巴巴、宁德时代和腾讯。这些企业在数字经济及 ESG 实践方面均具有典型性和示范性。阿里巴巴作为中国最大的互联网平台公司，其在平台经济背景下如何实施 ESG 治理，特别是在推动社会责任和环境可持续性方面的措施，将为其他平台型企业提供宝贵的经验。宁德时代作为全球领先的电池制造商，在绿色智能制造方面的创新实践，如如何通过数字技术提高能源效率和减少碳排放，能够展现数字化如何推动传统行业的绿色转型。腾讯则在数据伦理实践方面有着显著的影响力，尤其是在数据隐私保护、人工智能伦理等领域的探索，对其他互联网企业的 ESG 战略具有较强的示范作用。这些案例的研究将揭示不同企业在数字经济背景下如何整合 ESG 战略，实现长期价值创造。

为了深入理解这些企业的 ESG 实践及其对企业长期价值的影响，本书将通过多案例交叉验证的方式，运用 MAXQDA 软件进行 ESG 策略的质性编码与模式提炼。MAXQDA 是一款强大的质性数据分析软件，可以帮助研究人员从大量的文本数据中提取关键主题、模式和关系。通过对企业年报、ESG 报告、新闻报道等多源数据的分析，研究者可以识别出这些企业在 ESG 领域的核心策略，并分析这些策略如何影响企业的可持续发展与竞争力。质性编码将有助于揭示这些企业在实施 ESG 战略过程中常见的成功模式和挑战，进一步为企业和政策制定者提供决策依据。

本书还将进行调节效应检验，重点分析数字技术渗透率对企业 ESG 表现与价值关系的非线性影响。随着数字化程度的提高，企业在环境、社会责任和治理等方面的策略会发生变化，这些变化可能影响企业价值的传导方式。由于数字技术渗透率的不同，可能会对 ESG 表现与企业价值之间的关系产生不同的影响。例如，较高的数字化渗透率可能使得企业能够更有效地监控碳排放、提升社会责任实践，进而提升企业的市场价值。反之，数字化程度较低的企业可能面临较大的 ESG 风险，从而影响其长期价值。因此，调节效应检验有助于揭示数字技术对 ESG 价值效应的潜在影响和作用机制。

异质性分析将进一步探讨不同类型的企业在数字化转型过程中 ESG 表现的差异性。研究将分别从行业、所有制和区域 3 个维度进行回归结果的比较。分行业分析可以揭示数字经济对不同行业企业 ESG 表现的不同影响，例如，高技术行业和传统制造业在绿色技术应用和社会责任方面的差异。分所有制分析则可以探索国有企业、民营企业和外资企业在 ESG 策略实施上的差异，尤其是在政府政策支持、市场需求和创新能力方面的不同。分区域分析则有助于理解不同地区的数字化水平、市场结构和政策环境如何影响企业的 ESG 实践和价值创造。通过这一异质性分析，研究能够提供更加细致的洞察，帮助不同类型的企业优化其 ESG 战略。

四、研究方法局限性

尽管本书致力于采用科学的定量分析方法，但仍然存在一定的局限性，尤其是在 ESG 数据的质量和一致性方面。ESG 报告通常由企业自行编制并披露，且各企业在报告中的内容、数据处理和披露深度存在较大差异。部分企业可能会因企业形象或市场压力，选择性披露其 ESG 数据，或者倾向于在报告中强调其较为突出的社会和环境责任表现，而忽略或淡化其负面影响。这种选择性披露行为可能导致企业 ESG 数据的主观性，进而影响分析结果的准确性和公正性。因此，本书需要注意数据的来源和质量，对存在潜在偏差的数据进行合理修正或排除，以提高研究结论的可靠性。

数字经济的快速发展意味着技术和市场环境的变化速度非常快，新兴技术的出现可能会对企业的 ESG 表现和价值创造模式产生深刻影响。例如，随着人工智能、区块链、5G 等技术的不断普及，企业的数字化转型路径、商业模式和治理架构等方面的变化可能会超出传统分析模型的预测能力。因此，模型参数的时效性成为本书的一个潜在挑战。为了确保模型能够反映当前的数字经济环境，本书必须定期对模型进行验证和更新，以确保其适应性和准确性。此外，随着时间的推移，企业在数字化转型和 ESG 实施过程中可能会进行调整，模型需要灵活应对这些动态变化，保持高效的预测能力。

第二章　ESG 的表现与理论基础

第一节　理论基础

一、ESG 理念的经典理论溯源

（一）可持续发展理论的核心要义

可持续发展理论的核心内涵可以总结为经济、社会和环境三重底线平衡原则。这一理论主张，在实现经济增长的同时，必须考虑社会公平和环境保护两个方面的需求。经济增长不应以牺牲社会公平和环境资源为代价；社会发展不应通过过度开发自然资源来换取短期利益；而环境保护则要求人类在使用资源时考虑到未来的需求，以确保地球生态系统的长期健康。因此，三重底线平衡不仅强调经济和环境的互动关系，还特别关注社会公平与包容性，要求各国和企业在追求发展时做到全面协调与可持续发展。

可持续发展理论经历了多次演进。从 1987 年布伦特兰《我们共同的未来》报告提出的可持续发展概念开始，到联合国于 2015 年提出的《2030 可持续发展议程》（SDGs），这一理论逐步从宏观的概念转向具体的实施框架。布伦特兰《我们共同的未来》报告首次提出“既满足当代人的需求，又不损害后代人满足其需求的能力”的可持续发展定义，强调了经济、社会和环境之间的互动关系。随着全球化和国际合作的加深，SDGs 目标于 2015 年正式发布，包含 17 个具体目标和 169 项任务，旨在到 2030 年实现经济、社会和环境的全面可持续发展。与布伦特兰《我们共同的未来》报告的泛泛而谈不同，SDGs 提供了更为具体和量化的指标，使各国、企业和社会能够通过更明确的目标来推动可持续发展。

可持续发展目标（SDGs）与企业的 ESG 实践之间存在紧密的映射关系，ESG 指标体系为实现这些全球性目标提供了具体的框架和指标。例如，SDG 目标 7“清洁能源”直接对应企业的环境维度，要求企业采用可再生能源、提高能源效率和减少温室气体排放。

SDG 目标 12“负责任消费与生产”则与企业的社会责任和治理密切相关，涉及企业如何在生产过程中管理资源消耗、减少废弃物排放，并确保社会公平和环境保护。此外，SDGs 目标中的多个领域（如健康、教育、性别平等）也与企业的社会责任实践密切相关。通过将 SDGs 与 ESG 指标体系结合，企业不仅能够为全球可持续发展作出贡献，也能够实现自身的长期发展和获得社会认可。

（二）利益相关者理论的拓展应用

利益相关者理论的核心是企业的行为不仅受到股东的影响，还应考虑所有对企业决策有利益关系的群体，如员工、客户、供应商、社区、政府等。FreeMan 模型提出，企业必须平衡不同利益相关者的需求，确保这些群体的权益和诉求得到合理回应。这一理论框架扩展了传统的股东价值最大化的观念，强调企业社会责任的广泛性和多元性，要求企业在追求经济回报的同时，必须考虑到社会和环境的利益，确保不同群体的共赢。

根据利益相关者理论，企业在其 ESG 实践中应通过履行环境责任、承担社会责任和优化治理结构来回应各方利益相关者的期望。在环境方面，企业需要采取切实有效的措施减少环境污染、提高资源利用效率、推动绿色技术创新；在社会方面，企业不仅要关心员工福利、客户权益，还要关注社区发展、供应链管理等社会责任；在治理方面，企业应完善治理结构，提高透明度和决策的公正性，确保对股东和社会各方的责任。这些 ESG 实践能够帮助企业满足不同利益相关者的需求，增强企业的社会价值和市场竞争力。

随着数字经济的快速发展，利益相关者理论的应用也需要适应新的商业模式和技术环境。在数字平台生态中，除了传统的股东、员工和消费者外，新的利益相关者群体不断涌现。用户、数据提供者、平台合作伙伴等成了企业运营中的重要参与者。数字平台企业需要在这些新型利益相关者之间找到平衡，确保用户数据隐私的保护、数据提供者的权益保障以及平台合作伙伴的公平竞争。例如，数字平台需要确保对数据提供者的合理回报，同时在收集和使用数据时遵守隐私保护法规，避免出现数据滥用问题。此外，平台的透明度、治理结构和道德规范也是确保数字平台在回应新型利益相关者需求时的关键因素。因此，数字平台企业的 ESG 战略应针对这些新型利益相关者进行调整和优化。

二、ESG 表现与企业价值关系的理论基础

（一）资源基础理论的 ESG 解释

资源基础理论（RBV）提出，企业的竞争优势来源于其独特的资源和能力，这些资源和能力必须是难以模仿和不可替代的。在 ESG 的背景下，企业通过积极的环境保护、社会责任承担和治理优化，可以将这些行动转化为无形资源，从而获得竞争优势。具体来说，绿色技术专利和伦理品牌声誉是最典型的无形资源，能够帮助企业在市场中脱颖而

出。例如，拥有创新环保技术的企业能够在绿色经济中占据领先地位，获得更高的市场份额，甚至通过专利授权获得额外的收入。此外，企业在社会责任方面的优异表现，如负责任的供应链管理、员工福利和社区发展等，可以提高企业的品牌声誉，进而吸引更多的消费者和投资者。因此，ESG 实践不仅能够提高企业的社会责任感，也能够直接提高企业的经济价值和市场竞争力。

在数字经济的背景下，数据资产成为企业竞争优势的关键资源之一。RBV 的核心命题可以延伸到数字经济领域，企业通过收集、分析和管理数据，特别是在碳排放、能源使用和资源管理等方面的碳数据，可以提高企业的 ESG 能力，进而增强企业的长期竞争力。例如，企业通过数字化手段提升碳数据管理能力，能够实时监控和优化资源的使用效率，减少能源浪费，从而降低成本并减少环境影响。利用大数据、人工智能和物联网技术，企业不仅能够提高运营效率，还能够准确预测和管理环境风险，提高其 ESG 表现。这种“数据资产与 ESG 能力的协同增值效应”在数字经济时代为企业提供了巨大的发展潜力，使其能够在可持续发展的竞争中占据领先地位。

（二）信号传递理论的作用机制

信号传递理论认为，企业通过向市场传递信息来减少信息不对称，从而使投资者、消费者和其他利益相关者能够做出更为合理的决策。在 ESG 实践中，企业的 ESG 信息披露充当了质量信号，向市场传递企业的可持续发展能力、社会责任履行以及治理结构的透明度。良好的 ESG 信息披露能够增强企业在市场中的信任度，提高品牌声誉，吸引投资者和消费者的关注。通过披露详细的环境影响、社会贡献以及治理结构的透明度，企业能够展示其长期的可持续发展战略，从而减少投资者对企业经营风险的担忧。此外，企业的 ESG 披露还能够向消费者传递企业的社会价值和道德标准，提高市场竞争力。因此，ESG 信息披露不仅是企业社会责任的体现，也是市场信号传递机制的核心环节，帮助企业降低信息不对称，优化资源配置。

随着数字技术的发展，尤其是区块链技术的应用，企业的 ESG 信息披露将更加透明和可信。区块链的去中心化特性和不可篡改性，使其成为解决传统信息披露中信任问题的有效工具。通过区块链技术，企业可以实现 ESG 数据的溯源，确保每项环境、社会责任和治理行动的数据都可以追溯并验证。这种技术应用能够大幅度提高 ESG 数据的可信度，并且减少信息失真或选择性披露的风险。在 ESG 信息披露过程中，区块链技术增强了数据的透明度，使得市场上的利益相关者（如投资者、消费者和监管机构）能够实时获取企业的真实 ESG 表现，从而提高信号传递的效率和有效性。通过数字技术的支持，企业不仅能够在短期内实现较高的透明度，还能在长期内通过提高数据的可信度增强市场对其可持续发展战略的信任，从而获得更大的市场优势和竞争力。

（三）外部性内部化理论的经济学逻辑

外部性内部化理论认为，市场上存在外部性问题时，政府或市场机制应通过某种方式将外部成本或收益转移到相关责任主体，从而引导其采取对社会有益的行为。负外部性是指企业在生产过程中未能将其对社会造成的负面影响（如污染、碳排放）纳入成本考虑，从而造成社会资源的浪费。在环境治理方面，碳交易机制作为一种市场化的手段，能够将这些负外部性转化为企业的成本，从而激励企业采取绿色生产方式，减少碳排放。具体来说，碳交易机制通过设置碳排放配额并允许企业之间进行交易，使碳排放的权利变为市场资源，迫使高污染企业为其排放行为付出经济成本。这种内部化机制不仅推动企业采用低碳技术、减少碳排放，还能够通过市场竞争促进绿色技术的创新。企业将环境治理视为一种经济责任，而非外部强制的社会负担，从而推动可持续发展。

正外部性是指企业的某些行为（如社会责任投资）所带来的正面效应，这些效应不仅对企业自身有益，也能惠及社会整体。例如，企业在社会责任方面的投资（如公益捐赠、社会福利、员工健康保障等）通常会产生正外部性。通过优化社会责任，企业可以提高其品牌形象，增加消费者的支付意愿。消费者通常更愿意为有社会责任感的企业产品支付溢价，从而增加企业的收入。此外，企业在员工福利、工作环境等方面的投入，能够提高员工的满意度和生产效率，降低员工流失率。社会责任投资的正外部性不仅有助于企业提高其市场竞争力和长期价值，还能够增进社会的整体福祉。因此，通过正外部性的捕获，企业能够将社会责任投资转化为内在的商业价值，同时对社会产生积极的溢出效应。

（四）委托—代理理论下的治理优化路径

委托—代理理论强调，企业的股东（委托人）与管理层（代理人）之间存在信息不对称和利益冲突，股东希望管理层能够最大化企业价值，但管理层可能为了自身利益而作出不符合股东最大利益的决策。治理维度的核心作用是通过优化董事会的结构和决策流程来减少代理问题，确保管理层的行为与股东利益对齐。董事会的独立性是治理结构中最为关键的因素之一，独立董事能够为企业提供客观、公正的判断和监督，避免管理层行为偏离股东利益。独立董事不受管理层控制，能够有效监督企业的决策和运营，防止管理层的决策受到个人利益的驱使，确保企业的长远发展。在企业ESG治理中，强化董事会独立性不仅有助于提高企业治理质量，还能增强企业在市场中的透明度和公信力，为股东和社会创造更大的价值。

随着数字化技术的不断发展，数字治理创新成为解决传统治理问题的重要路径。智能合约，作为基于区块链技术的自动化执行工具，能够在不需要中介的情况下，确保契约的执行。在委托—代理关系中，代理成本通常来源于代理人和委托人之间的信任问题、监控成本和执行成本。智能合约通过自动执行合约条款，可以极大地降低这些成本。例如，在

ESG绩效对赌协议中，企业与投资者可以通过智能合约设定明确的ESG目标，并在目标达成时自动执行奖励或处罚机制，无须人工干预。这不仅提高了协议执行的效率，还保证了协议执行的透明度和公正性。通过这种方式，智能合约能够优化企业治理结构，减少代理问题，提高ESG战略执行的可靠性，从而推动企业的可持续发展。

三、数字经济对传统理论框架的修正与拓展

随着数字经济的快速发展，数据作为新型生产要素正在重塑传统的经济学理论。在资源基础理论中，企业的竞争优势通常依赖其拥有的物理资源和无形资产，尤其是独特的资源和能力。而在数字经济时代，数据资产的确权问题成为企业资源池的重要组成部分。数字产权制度，作为对传统资源基础理论的补充，能够确保数据的所有权、使用权和收益权明确界定，促进数据在经济活动中的高效流通与共享。例如，用户行为数据、交易记录、消费偏好等信息可被视为企业重要的资源，加入企业的资源池中，为企业的决策提供支持。数据确权不仅为企业创造新的收入来源，也为其在竞争中提供了独特的优势。通过收集、分析和利用大量用户数据，企业可以更好地理解市场需求、优化产品和服务，并通过数据驱动的创新实现市场领先地位。

网络效应在平台型企业中尤为明显。平台型企业通过聚集大量用户和服务提供商，形成强大的网络效应，使每新增一个用户或商家都能显著增加平台的价值。在这一过程中，企业的边际成本递减和价值放大机制得以充分发挥。平台型企业通过其ESG实践，可以在降低运营成本的同时，提升整体社会价值。例如，在推动绿色供应链管理、减少资源浪费、提升社会责任履行等方面，平台型企业不仅能够降低自己的成本，还能够通过平台的网络效应扩大其ESG实践的社会影响力。因此，网络效应不仅推动了平台型企业的商业成功，还为其可持续发展和社会价值的创造提供了强有力的支持。

技术赋能的进步使传统理论面临新的适用性挑战和突破。人工智能和机器学习的应用，特别是在ESG领域，为企业决策提供了前所未有的精确性和效率。传统的理性人假设认为决策者能够在完全理性和信息对称的情况下作出决策，但在现实中，企业面对复杂的环境、快速变化的市场和不确定的风险时，决策往往受到多方面因素的影响。人工智能，尤其是机器学习算法的引入，使ESG风险预测变得更加科学。通过对历史数据、市场动态、环境变化等进行深度学习，机器学习能够捕捉到微小的变化和趋势，提高企业在应对环境、社会责任及治理方面的风险预测能力，进而优化决策过程。机器学习突破了传统理性人假设的局限，能够在更加复杂和不确定的情境下提供有力的决策支持，提高企业在可持续发展方面的行动效率。

数字孪生技术的应用为ESG策略的动态效果验证提供了新的视角。数字孪生技术通过构建虚拟仿真环境，可以精确模拟现实世界中的企业运营和环境变化。企业能够在数字双胞胎的环境中测试不同的ESG策略，观察这些策略对企业运营、环境影响及社会责任

履行的长期效果。这种虚拟仿真技术的应用，不仅提升了理论模型的实证基础，还增强了企业决策的科学性和前瞻性。数字孪生技术的引入为企业提供了一个全新的操作平台，帮助其在复杂环境下快速迭代、优化策略，确保在实际应用中产生最优的社会、环境和经济效益。

在数字经济的背景下，企业的战略不仅受自身资源和能力的影响，还受到数字生态系统的深刻塑造。生态位理论，作为描述物种在生态系统中位置的理论，在数字化转型中得到了新的应用。企业的 ESG 表现决定了其在数字生态系统中的协作网络地位。企业如果在环境保护、社会责任和治理结构方面表现出色，能够赢得其他企业、消费者和合作伙伴的信任，并在数字生态中占据更有利的位置。数字平台通过提供绿色技术、社会责任服务等功能，不仅能够提高自身的市场竞争力，还能够通过加强与其他企业和社会的协作关系，在数字生态中实现共赢。因此，企业的 ESG 战略在数字经济生态中扮演着至关重要的角色，其良好的 ESG 实践能够提高企业在生态系统中的合作地位，推动企业与其他利益相关者的长期合作。

复杂适应系统理论（CAS）为理解数字化 ESG 响应机制与市场环境的协同演化提供了有效框架。在复杂适应系统中，各个组成部分并不是独立的，而是通过相互作用和反馈机制进行动态调整。在数字化转型的过程中，企业的 ESG 策略会随着外部市场环境、技术变革和社会需求的变化而不断调整。复杂适应系统理论强调了这种动态演化和反馈机制，帮助企业理解和应对外部变化对 ESG 策略的影响。数字化 ESG 响应机制通过实时数据监控、人工智能预测等技术手段，能够帮助企业在变化的市场环境中快速做出反应，优化其 ESG 策略，从而实现更高效的资源配置和社会价值创造。市场环境的变化与企业的 ESG 战略共同演化，推动了数字经济和可持续发展目标的深度融合。

四、理论框架的整合与创新

在数字经济的背景下，企业的数字化转型、ESG 实践和企业价值之间的关系变得越来越复杂。为了解释这一复杂的互动关系，本书提出了“数字—ESG—价值”三元整合模型。模型的理论要素包括数字技术渗透率、ESG 表现强度和企业价值增值，这三个维度通过三维互动的方式共同影响企业的长期表现。在模型中，X 轴代表数字技术渗透率，衡量企业在数字化转型过程中技术的采用程度；Y 轴代表 ESG 表现强度，衡量企业在环境保护、社会责任和治理等方面的执行力度；Z 轴代表企业价值增值，体现企业在利润增长、市场份额和品牌影响力等方面的提升。通过这三个维度的交互作用，模型揭示了数字化如何推动 ESG 实践，并且如何通过提高企业效率和创新商业模式来放大 ESG 的价值效应。具体来说，数字技术的渗透不仅能够帮助企业提高运营效率，降低成本（如通过智能化生产、数据分析优化供应链管理等），还能够通过模式创新开辟新的收入来源（如绿色产品、ESG 投资等）。这种双通道效应使企业的 ESG 表现与其价值增值之间形成了正向反馈，推动企业实现可持续发展。

在企业应对快速变化的市场环境和不断演进的技术背景下，动态能力理论提供了一个有力的框架来解释企业如何在数字化和 ESG 转型过程中保持竞争力。动态能力理论强调，企业必须具备感知、捕获和重构市场机会的能力，才能有效应对环境变化。在“数字—ESG—价值”模型的背景下，企业的 ESG 动态能力则体现在感知数字化和 ESG 机会、捕获这些机会并进行资源整合以实现价值创造的核心能力。首先，数据洞察力作为企业感知外部变化和内部机会的关键能力，帮助企业识别数字化和寻找 ESG 领域的潜在机会。企业通过数据分析和市场监测，能够准确把握消费者需求、环境变化和政策趋势，从而在数字经济中获得领先优势。其次，敏捷治理力是企业在捕获 ESG 机会过程中至关重要的能力，它帮助企业快速响应外部变化并有效调整其治理结构和战略。敏捷治理使企业能够在全球经济和政策环境的快速变化中，保持灵活性，确保 ESG 战略的有效执行。最后，跨界整合力是企业在重构 ESG 机会方面的核心能力，能够通过整合来自不同领域的资源和能力，推动企业在技术、市场和社会责任方面的创新。企业通过跨行业合作、联合创新和整合资源，能够在数字化转型和 ESG 发展中获得更大的竞争优势，从而实现长期价值增长。

制度理论关注组织在不同制度环境下如何通过遵守规定、应对外部压力和制定内部规则来实现自身目标。在数字经济背景下，制度理论对企业的 ESG 战略实施和治理结构优化提供了新的解释。首先，强制同构压力在数字监管政策中尤为明显。随着《中华人民共和国数据安全法》《中华人民共和国网络安全法》等一系列数字监管政策的出台，企业在数字化转型过程中面临越来越强大的外部监管压力。这些政策不仅要求企业保护用户数据、保障信息安全，还要求企业在数字化转型的同时优化其治理结构，确保信息披露透明、公正、合规。因此，企业在面对强制性监管要求时，必须提高其治理水平，确保符合相关法规和社会责任的要求。这一压力推动了企业在环境、社会和治理方面的责任感，并迫使其进行持续的自我优化和提升。

另外，模仿同构机制强调行业头部企业的示范效应。在数字化和 ESG 实践的过程中，行业领先企业通常会率先实施创新性的数字化和 ESG 策略，这些企业的成功经验和示范效应会促使其他企业跟随其步伐，模仿其治理模式和技术应用。例如，一些科技巨头通过实施绿色供应链管理、推动数据隐私保护和环保技术创新，树立了行业标杆。其他企业为了保持竞争力，往往会模仿这些行业领先者的成功做法，积极追求相似的 ESG 目标，提高其在市场中的社会形象和竞争力。因此，行业头部企业的 ESG 数字化实践不仅推动了本行业的发展，还对整个市场中的其他企业产生了正向的示范作用。

第二节　ESG 概念及框架解析

一、环境（Environmental）维度的内涵与指标

（一）环境责任的核心内涵

企业的环境责任不仅是对自然生态的保护义务，更是企业可持续发展战略的重要组成部分。随着环境问题的加剧和社会对可持续发展的关注度上升，企业承担环境责任已成为一种全球趋势，不仅体现在政策法规的约束之下，也成为企业品牌形象、市场竞争力以及投资者决策的重要考量因素。环境责任不仅是资源节约和污染控制的具体举措，还是涵盖了企业运营全过程的生态优化，从原材料采购到生产制造，再到产品使用和废弃回收，每个环节都涉及环境责任的落实。因此，企业在履行环境责任时，需采用全生命周期管理的思维模式，推动产品和服务的绿色升级，以减少环境负荷，提高资源利用率，实现经济效益与生态效益的协同发展。

绿色闭环管理的理念正在成为企业履行环境责任的重要方式，它强调在产品生命周期的各个阶段都融入环境友好的设计和运营策略。例如，在产品研发阶段，企业可以采用环保材料，优化产品结构，以减少资源消耗和碳排放；在生产阶段，通过绿色制造技术提高能源效率，减少废弃物排放；在消费和使用阶段，鼓励消费者采用环保方式使用产品，如推广可重复使用或可回收的包装；在产品报废阶段，建立完善的回收和再利用体系，推动资源的循环利用，减少对自然资源的依赖。这种绿色闭环管理模式不仅降低了企业对生态环境的影响，同时也能降低运营成本，提高企业的市场竞争力和品牌价值，进一步促进可持续发展。

在数字经济背景下，科技创新为企业的环境责任履行提供了全新的工具和解决方案。数字化技术的广泛应用，使企业能够更精准地监测、分析和优化其环境绩效。物联网（IoT）传感器的部署，使企业能够实时采集能耗数据、碳排放水平、废弃物排放情况等关键环境指标，并借助人工智能和大数据分析技术，精准识别能源浪费环节，优化资源配置。例如，智能制造系统可以动态调整生产流程，在保证产能的同时最大限度地减少能源消耗；智能楼宇管理系统可以通过自动调节照明和空调系统，实现节能降耗。云计算的普及也推动了企业从传统的数据中心转向更节能的云计算模式，降低了 IT 基础设施的能耗，提高了计算效率。

此外，区块链技术的应用正在提升企业环境责任的透明度和可信度。企业可以利用区

块链技术建立可追溯的环境管理体系，确保供应链上的各个环节都符合环保标准。例如，在可持续供应链管理中，企业可以利用区块链技术记录原材料采购、生产、运输和销售的全过程，确保所有环节的环境责任履行情况公开透明，增强消费者和投资者的信任。同时，碳交易市场的发展也受益于区块链技术的支持，它可以提高碳排放交易的可追溯性和公正性，帮助企业更高效地参与碳减排行动。

随着全球环境治理政策的不断推进，企业的环境责任也正从被动合规向主动践行转变。许多国家和地区已经提出了碳达峰、碳中和目标，要求企业承担更严格的碳减排责任。为了应对这些政策要求，企业需要建立更加完善的环境管理体系，不仅要符合本地法规，还要对标国际标准，如ISO—14001环境管理体系认证、全球可持续发展目标（SDGs）、ESG（环境、社会和治理）评估体系等，以提高自身的绿色竞争力。在投资者和消费者越来越关注企业可持续发展能力的背景下，环境责任的履行已成为企业获取资本市场认可的重要因素，许多投资机构也在将ESG表现纳入其投资决策考量范围。

企业的环境责任已成为推动可持续发展的重要引擎。在数字技术的加持下，企业可以更加精准、高效地履行环境责任，减少对生态系统的影响，推动绿色低碳经济的转型。通过全生命周期管理、绿色闭环经营模式、数字化监测手段以及区块链等新技术的应用，企业不仅可以降低自身的环境风险，还能在市场竞争中占据有利位置，为自身的长期发展创造更多的机会。在全球可持续发展目标的指引下，未来企业的环境责任将继续深化，成为商业模式创新和价值创造的重要方向。

（二）环境维度的核心指标体系

企业在履行环境责任时，需要通过一套科学的指标体系来量化其环境表现，这些指标不仅为企业提供了实施和评估环境战略的依据，也使外部利益相关者（如投资者、政府、消费者）能够清晰地了解企业的环境影响和责任履行情况。

首先，碳排放管理是环境维度中的核心指标之一。企业的碳排放强度（Scope 1～Scope 3）是衡量其环境影响的重要数据，尤其是Scope 3碳排放，它涵盖了企业价值链中上游和下游的碳排放，是当前企业碳管理中的难点和关键。因此，企业在管理碳排放时，不仅要关注自身的直接排放，还需要考虑到其供应链及产品使用阶段的间接排放。此外，企业参与碳抵消项目，能够进一步弥补自身无法避免的碳排放，为全球碳减排事业贡献力量。

其次，资源利用效率是企业环境责任的重要体现。单位产值能耗是评估企业能源利用效率的关键指标，低能耗的生产方式意味着企业在降低成本的同时，也在减少资源的消耗，降低对环境的负担。此外，水循环利用率和废弃物再生比例也是衡量企业资源利用效率的重要指标。企业应通过技术创新和流程优化提高水的回收利用效率，减少水资源的浪费；在废弃物管理上，企业应推动废弃物的回收和再利用，减少对垃圾填埋场的依赖，从而降低废弃物对环境的影响。

在生物多样性保护方面，企业需要通过其业务活动规避对生态敏感区的影响，并在需要的情况下投入资源修复物种栖息地。这些措施对于维护生态系统的稳定和恢复生物多样性至关重要。例如，企业在规划新工厂或扩张生产时，应避免对生态敏感区和濒危物种栖息地造成破坏，并通过生态恢复项目，改善受影响区域的生物栖息环境。这些做法不仅能够保护自然生态，还能提高企业的环境形象和社会责任感。

绿色技术创新是企业环境维度中的另一项核心指标。清洁技术专利数量和可再生能源使用占比是衡量企业在绿色创新方面表现的关键指标。企业通过研发清洁能源技术、绿色生产工艺以及环境友好型产品，能够减少对自然资源的依赖，并降低生产过程中的污染物排放。同时，可再生能源的使用不仅有助于减少温室气体排放，还能提高企业的能源安全性和成本控制能力。因此，推动绿色技术创新和增加可再生能源的使用比例是企业实现可持续发展的关键路径。

通过这一系列核心指标，企业能够全面评估和监控其环境责任的履行情况，并在此基础上制定更加有效的环境保护战略。这些指标不仅有助于提高企业的环境绩效，还能够增强企业在社会和市场中的信誉和竞争力，为实现绿色可持续发展目标奠定坚实的基础。随着数字经济的快速发展，企业通过数字技术和创新手段将环境责任的履行提升到新的高度，推动全球环境保护事业和经济转型的同步推进。

二、社会（Social）维度的责任与表现

（一）社会责任的多层次内涵

在数字经济与可持续发展理念深度融合的时代背景下，CSR已突破传统慈善捐赠的范畴，演变为涵盖经济、社会、环境等维度的系统性实践。企业社会责任的内涵呈现出显著的层次性特征，从保障员工基本权益的基础责任，到规范供应链伦理的扩展责任，再到推动社区包容性发展的高阶责任，不同层次的责任实践共同构建起企业与社会的良性互动关系，成为提升企业ESG表现、增强长期竞争力的重要驱动力。

1. 基础层面：员工权益保障与企业责任基石

从人力资本理论视角来看，员工是企业核心竞争力的源泉，保障员工基本权益是企业履行社会责任的逻辑起点。薪酬公平作为员工权益的核心要素，不仅关乎个体经济利益，更体现企业对公平价值的坚守。现代企业须构建基于岗位价值、技能水平和绩效贡献的科学薪酬体系，消除性别、种族、年龄等因素导致的薪酬歧视。根据国际劳工组织的研究，薪酬公平度每提升10%，员工工作满意度可提高8%，企业人才流失率降低12%。同时，职业健康安全管理体系的完善是企业不可推卸的责任，尤其在制造业、建筑业等高风险行业，企业须通过引入智能监测设备、建立风险预警机制等方式，将工伤事故率控制在行业

标准之下。例如，采用物联网传感器实时监测车间有害气体浓度，运用大数据分析预判设备故障风险，从技术层面保障员工生命健康安全。

员工发展权的保障是基础责任的延伸维度。企业应建立覆盖全员的职业培训体系，结合数字经济发展趋势，为员工提供人工智能应用、数据分析等新兴技能培训。通过制定个性化职业发展规划，帮助员工实现能力提升与岗位晋升的良性互动。此外，心理健康关怀逐渐成为企业社会责任的重要组成部分，企业可设立心理咨询热线、开展压力管理培训课程，缓解员工职场焦虑，营造健康积极的工作氛围。这种对员工权益的全方位保障，不仅能提高员工忠诚度与工作效率，还有助于塑造企业以人为本的品牌形象，为企业可持续发展奠定坚实基础。

2. 扩展层面：供应链伦理构建与责任协同治理

在全球价值链深度融合的背景下，企业社会责任的边界已从自身运营延伸至整个供应链体系。供应链伦理建设是企业落实社会责任的关键环节，其核心在于构建透明、公平、可持续的合作关系网络。企业须将 ESG 标准纳入供应商准入门槛，建立涵盖环境绩效、劳工权益、治理结构等维度的综合评估体系。在环境维度，要求供应商采用清洁能源、减少污染物排放；在社会维度，禁止使用童工、强迫劳动，保障劳动者基本权益；在治理维度，审查供应商的财务透明度与合规管理能力。通过定期开展 ESG 审计，运用区块链技术实现供应链数据的不可篡改与可追溯，确保责任落实的有效性。

供应链责任协同治理机制的建立，有助于推动行业整体社会责任水平的提高。企业可通过搭建供应链 ESG 信息共享平台，促进上下游企业间的数据互通与经验交流。例如，主导企业可牵头制定行业社会责任标准，组织供应商参与联合培训，共同提高供应链的可持续发展能力。同时，建立激励约束机制，对 ESG 表现优异的供应商给予订单倾斜、资金支持等奖励，对违规企业实施整改、淘汰等措施，形成“良币驱逐劣币”的市场环境。这种供应链层面的责任实践，不仅能降低企业运营风险，还有助于塑造负责任的行业生态，提高企业在全球市场的竞争力。

3. 高阶层面：社区包容性发展与社会价值共创

企业社会责任的高阶形态体现为与社区的深度融合与协同发展。从企业公民理论角度看，企业作为社区的重要成员，应积极参与社区建设，推动包容性发展。例如，农业企业可建立农产品种植基地，吸纳当地居民就业并提供技术培训；科技企业可捐赠教育设备、开展线上教学，提升偏远地区的教育水平。这种精准帮扶模式，既能促进社区经济发展，又能为企业开拓新的市场空间，实现经济效益与社会效益的双赢。

数字技能普惠培训是数字经济时代企业社会责任的创新实践。面对数字鸿沟加剧的现实，企业通过开展数字技能培训，帮助社区居民掌握互联网应用、数字办公等技能，提升其就业竞争力与生活质量。培训内容可涵盖基础数字素养教育、职业技能培训以及创新创业指导等，采用线上线下相结合的方式扩大覆盖范围。例如，金融企业可开展防范网络诈骗培训，电商企业可传授直播带货技巧，帮助社区居民更好地融入数字经济。这种数字技能赋能行动，不仅能推动社区的数字化转型，还能增强企业与社区的情感联结，提升企业的社会美誉度与品牌影响力。

企业社会责任的多层次实践构成了ESG战略的重要支撑体系。通过在基础、扩展、高阶层面的持续努力，企业能够有效平衡经济利益与社会价值，实现可持续发展目标。未来，随着数字技术的发展与社会期望的提升，企业社会责任的内涵将不断丰富，企业须持续创新责任实践模式，在推动自身发展的同时，为社会进步作出更大贡献，最终实现企业价值与社会价值共同提升。

（二）社会维度的关键评价指标

在数字经济与可持续发展理念深度交融的时代背景下，构建科学、系统的企业社会责任评价指标体系，成为衡量企业ESG表现、推动其实现长期价值增长的关键环节。企业社会责任涵盖员工权益、产品责任、社区影响及供应链管理等维度，每个维度均须通过精准量化的指标进行评估，以确保评价结果的客观性、全面性与可比性。这些指标不仅是企业自我审视的标尺，还是投资者、监管机构及社会公众了解企业社会责任履行情况的重要依据。

1. 员工权益维度：企业社会责任的基础支撑

员工权益保护是企业社会责任的核心基石，其评价指标的构建须围绕薪酬公平、职业发展与安全保障三个核心要素展开。性别薪酬差异指数作为衡量薪酬公平性的关键指标，通过对比不同性别员工在相同岗位、相同绩效条件下的薪酬水平，能够直观反映企业是否存在性别歧视现象。在数字经济时代，算法决策在薪酬分配中的应用日益广泛，性别薪酬差异指数的监测有助于发现算法潜在的偏见，促使企业建立基于数据驱动的公平薪酬体系。从人力资本理论视角来看，公平的薪酬体系能够增强员工的归属感与忠诚度，降低人才流失率，为企业的可持续发展提供稳定的人力支持。

员工培训投入强度指标聚焦于企业对员工职业发展的重视程度。该指标通过计算企业年度培训投入金额占员工总薪酬的比例，衡量企业在员工技能提升、知识更新方面的资源投入。在数字化转型加速的背景下，新技术（如人工智能、大数据的广泛应用）要求员工不断更新知识结构。企业加大培训投入，不仅能够提升员工的数字技能与创新能力，还能促进组织学习氛围的形成，增强企业的核心竞争力。研究表明，员工培训投入强度每提升1个百分点，企业劳动生产率平均提高1.2%～1.5%，这充分体现了员工培训对企业价值创造的重要作用。

工伤事故率是评估企业职业安全保障水平的核心指标。该指标通过统计企业年度工伤事故发生次数与员工总人数的比例，反映企业在安全生产管理、劳动保护措施落实等方面的成效。在制造业、建筑业等高风险行业，工伤事故率的监测尤为重要。企业可借助物联网、大数据等技术，构建智能化的安全监测系统，实时监控工作环境中的危险因素，提前预警安全隐患，降低事故发生概率。良好的职业安全保障不仅是企业应尽的社会责任，还是保障员工生命健康、维护企业正常生产秩序的必要条件。

2. 产品责任维度：数字化时代的责任新内涵

随着数字技术的广泛应用，产品责任的内涵已从传统的质量安全延伸至数据隐私保护与用户体验优化领域。数据隐私泄漏事件数成为衡量企业信息安全管理能力的关键指标。在数据驱动的商业环境中，企业收集、存储和处理的用户数据量呈爆炸式增长，数据泄漏风险也随之增加。该指标通过统计企业年度内发生的数据隐私泄漏事件次数，评估企业在数据加密、访问控制、安全审计等方面的措施有效性。一旦发生数据泄漏事件，企业不仅面临法律诉讼、经济赔偿等直接损失，还会损害品牌声誉，导致用户信任度下降。因此，降低数据隐私泄漏事件数，已成为企业在数字时代履行产品责任的重要任务。

净推荐值（NPS）评分从用户视角综合评价企业的产品或服务质量。该指标通过询问用户"您有多大可能向他人推荐本企业的产品或服务"，将用户分为推荐者、被动者和贬损者三类，通过计算推荐者比例与贬损者比例之差得出NPS值。NPS评分不仅反映了用户对产品功能、性能的满意度，还涵盖了用户在购买、使用、售后等流程的体验感受。在竞争激烈的市场环境中，高NPS评分能够帮助企业建立良好的口碑，吸引新用户，提高市场份额。企业可通过用户反馈分析、行为数据挖掘等方式，深入了解用户需求，持续优化产品与服务，提升NPS评分。

3. 社区影响维度：社会责任的外延拓展

企业对社区的影响体现了其社会责任的广度与深度，相关评价指标主要围绕财务投入与发展贡献两个层面构建。公益捐赠占营收比反映了企业在社会责任方面的财务支持力度。该指标通过计算企业年度公益捐赠金额占营业收入的比例，衡量企业对社会公益事业的投入程度。公益捐赠不仅包括资金捐赠，还涵盖物资捐赠、技术支持等形式。在乡村振兴、灾害救援等领域，企业的公益捐赠能够有效弥补政府公共服务的不足，促进社会公平与和谐发展。同时，合理的公益捐赠策略还能提升企业的品牌形象，增强社会认同感，为企业创造良好的外部发展环境。

乡村振兴项目覆盖率聚焦于企业在推动区域经济均衡发展方面的实际贡献。该指标通过统计企业参与的乡村振兴项目数量占目标区域乡村总数的比例，评估企业在产业帮扶、就业带动、基础设施建设等方面的工作成效。在数字经济时代，企业可利用自身的技术、资金与市场优势，帮助农村地区发展特色产业，推广电商销售模式，提升农产品附加值；通过开展数字技能培训，提高农民的就业能力，促进农村劳动力向数字经济领域转移。乡村振兴项目的有效实施，能够实现企业发展与社区繁荣的双赢局面。

4. 供应链管理维度：社会责任的协同推进

供应链管理是企业社会责任的延伸领域，其评价指标旨在推动整个供应链的可持续发展。供应商 ESG 合规率通过评估企业供应商在环境、社会和治理方面的合规情况，衡量供应链的可持续性水平。该指标通过对供应商的环保措施、劳工权益保障、公司治理结构等方面进行综合评分，计算合规供应商数量占供应商总数的比例。企业可建立供应商 ESG 评级体系，定期对供应商进行审核与评估，对不符合要求的供应商提出整改意见，对长期不合规的供应商实施淘汰机制。通过这种方式，企业能够引导供应商提升 ESG 表现，推动整个供应链的绿色化、责任化转型。

冲突矿产追溯体系完备性指标聚焦于供应链的伦理风险防控。冲突矿产是指来自武装冲突地区的矿产资源，其开采与贸易往往伴随着侵犯人权、环境污染等问题。该指标通过评估企业建立的冲突矿产追溯体系的完整性、有效性，衡量企业在采购过程中避免使用冲突矿产的能力。企业可借助区块链技术，建立从矿产开采、加工到产品生产的全流程追溯系统，确保矿产来源的透明性与合法性。完善的冲突矿产追溯体系不仅有助于企业规避法律风险，还能提升企业在国际市场的声誉，增强供应链的稳定性与竞争力。

企业社会责任量化评价指标体系的构建，为科学评估企业社会责任表现提供了有力工具。通过对员工权益、产品责任、社区影响及供应链管理等维度指标的监测与分析，企业能够全面了解自身在社会责任履行方面的优势与不足，及时调整战略与措施；投资者、监管机构及社会公众也能够依据这些指标，对企业的 ESG 表现进行客观评价，引导资源向社会责任履行良好的企业流动。在数字经济与 ESG 深度融合的未来，不断完善这一指标体系，将有助于推动企业实现经济价值与社会价值的协同增长，促进全球可持续发展目标的实现。

（三）数字化对社会责任的重构

在数字经济深度渗透的时代，数字技术正以前所未有的速度重塑 CSR 的履行范式。区块链、人工智能、大数据等技术的广泛应用，不仅为企业提升社会责任透明度、创新责任实践模式提供了可能，也在社会公平、伦理道德等带来了全新挑战。这种技术与责任的深度互动，构成了数字时代企业 ESG 发展的关键命题，深刻影响着企业价值创造与社会可持续发展的协同进程。

1. 数字技术对企业社会责任的正向赋能机制

区块链技术的分布式账本特性，从根本上革新了企业社会责任信息的传递模式。其去中心化、不可篡改的技术特质，有效解决了传统社会责任报告中信息不对称、可信度低的问题。在产品溯源领域，区块链通过哈希算法将产品全生命周期数据加密存证，消费者可通过手机扫码或区块链浏览器，实时查询产品从原材料采购、生产加工到物流运输的全流程信息。这种透明化的信息展示，不仅满足了消费者对产品质量与来源的知情权，还促使企业在供应链各环节严格遵循社会责任标准。例如，在农产品领域，区块链可记录种子培育、农药使用、采收时间等关键数据，确保产品符合绿色生产规范；在制造业，可追踪零部件供应商的劳工权益保障情况，避免使用存在童工、强迫劳动问题的供应商。

大数据与人工智能技术为企业精准履行社会责任提供了决策支持。通过对海量社会数据的深度挖掘，企业能够精准识别社会需求，优化责任实践方向。例如，利用自然语言处理技术分析社交媒体舆情，可及时捕捉公众对特定社会问题的关注焦点，引导企业将资源投入更迫切的公益领域；借助机器学习算法对社区经济数据进行建模，能够预测区域发展需求，助力企业制定更具针对性的乡村振兴或社区发展计划。同时，人工智能在企业内部管理中的应用，如智能安全监控系统、员工健康管理平台等，能够提升员工权益保障水平，降低职业健康安全风险。

数字平台的发展拓宽了企业社会责任的实践边界。通过搭建线上公益平台、开展数字志愿服务等方式，企业能够整合社会资源，提升责任实践的参与度与影响力。例如，互联网企业可利用自身流量优势，发起线上公益众筹活动，动员公众参与环保、教育等公益项目；金融科技企业可开发普惠金融产品，为小微企业和弱势群体提供便捷的金融服务。这种基于数字平台的社会责任实践，打破了时间与空间限制，实现了企业、社会与公众的多方共赢。

2. 数字技术引发的社会责任新风险与挑战

算法歧视问题对社会公平性构成严重威胁。在数字经济领域，算法广泛应用于资源分配、薪酬计算、信用评估等场景，但算法设计过程中的数据偏差、模型缺陷或人为干预，可能导致对特定群体的不公平对待。以外卖行业为例，平台算法在订单分配、配送时间计算时，若未充分考虑地理环境、交通状况等因素，可能使部分骑手承担过重的工作负荷，导致工作时间过长、劳动强度过大。这种算法歧视不仅侵犯了劳动者的基本权益，还加剧了社会不平等，引发公众对数字技术伦理的质疑。从技术层面分析，算法的黑箱特性使得其决策逻辑难以被外界理解和监督，进一步增加了风险防控的难度。

数据隐私与安全风险对消费者权益保护提出严峻挑战。在数字技术应用过程中，企业收集、存储和处理大量消费者个人信息，若数据管理不善，极易引发隐私泄漏事件。当消费者的身份信息、消费习惯等敏感数据被非法获取，可能面临诈骗、骚扰等风险，同时也会削弱消费者对企业的信任。此外，部分企业滥用消费者数据，进行过度营销或精准推送，侵犯消费者的自主选择权。在数字经济与社会责任融合的背景下，如何平衡数据利用价值与隐私保护需求，成为企业亟待解决的难题。

数字鸿沟加剧社会发展不均衡问题。尽管数字技术具有普惠性特征，但在实际应用中，不同地区、群体之间的数字能力差异显著。老年人、偏远地区居民等群体由于缺乏数字设备、技术培训或网络覆盖，难以充分享受数字技术带来的便利，从而在就业、教育、医疗等领域处于劣势地位。企业在推动数字化转型过程中，若忽视对弱势群体的数字赋能，可能进一步扩大社会差距，违背社会责任中促进社会公平的核心要求。

3. 数字时代企业社会责任的应对策略与发展路径

构建技术伦理框架是防范数字技术风险的基础。企业需将社会责任理念融入技术研发与应用全过程，建立算法伦理审查机制，确保算法设计遵循公平、透明、可解释原则。在数据管理方面，严格遵守《中华人民共和国个人信息保护法》等法规要求，采用加密技术、匿名化处理等手段保障数据安全。同时，加强技术研发人员的伦理教育，提升其社会责任意识，避免因技术滥用造成社会危害。

推动数字包容性发展是缩小数字鸿沟的关键。企业应积极参与数字技能普及培训，针对老年人、残障人士等群体开展定制化的数字教育课程，帮助其掌握基本的数字工具使用技能。在产品和服务设计中，注重无障碍化改造，开发适老化、易操作的数字产品，降低数字技术使用门槛。此外，企业可通过投资数字基础设施建设，改善偏远地区网络覆盖状况，促进数字技术的均衡发展。

建立多方协同治理机制是提升社会责任效能的保障。企业须加强与政府、社会组织、公众的合作，共同应对数字技术带来的社会责任挑战。政府应完善相关法律法规，加强对数字经济领域的监管，为企业履行社会责任提供制度保障；社会组织可发挥监督与协调作用，推动企业践行社会责任；公众则可通过舆论监督、消费选择等方式，促使企业重视社会责任。通过构建政府监管、企业履责、社会监督的协同治理格局，实现数字技术发展与社会责任履行的良性互动。

数字技术的发展为企业社会责任的履行带来了机遇与挑战并存的新局面。企业需充分发挥数字技术的赋能优势，积极应对技术应用过程中的风险与挑战，将社会责任理念深度融入数字战略。通过构建技术伦理框架、推动数字包容性发展、建立协同治理机制等举措，实现数字技术创新与社会责任提升的协同共进，为企业可持续发展与社会和谐进步创造更大价值。

三、治理（Governance）结构的优化与透明度

（一）治理机制的核心要素

在数字经济蓬勃发展的时代背景下，企业面临的内外部环境发生了深刻变革，这对企业的治理机制提出了更高要求。治理机制作为企业运营和发展的核心框架，其核心要素主要涵盖架构合理性、决策科学性和透明度建设三个方面，这些要素相互关联、相互影响，共同构建起企业稳健发展的基石。

架构合理性是企业治理机制的基础，其核心在于确保企业权力的合理分配与制衡，从而保障企业决策的公正性和有效性。董事会作为企业治理的关键决策机构，其独立性是评

估治理架构合理性的重要指标。独立董事凭借其独立于企业管理层的身份，能够从客观公正的角度对企业决策进行监督和建议。高比例的独立董事占比意味着管理层的自主性受到更严格的监督与制衡，能够有效避免管理层因权力过度集中而导致的决策失误或不公平现象。以委托代理理论为依据，独立董事的存在可以缓解管理层与股东之间的信息不对称，降低代理成本，提升企业治理效率。

除董事会独立性外，专业委员会的设置在企业治理结构中同样占据重要地位。特别是 ESG 专委会的设立，具有深远意义。在环境问题日益严峻、社会对企业责任期望不断提升的当下，ESG 专委会能够汇聚各领域的专业人才，运用专业知识和经验，对企业在环境、社会责任和治理方面的决策进行深入分析和评估，确保决策的专业化和透明化。同时，ESG 专委会还肩负着持续监督 ESG 相关政策落实情况的重任，通过定期审查和评估，及时发现政策执行过程中的问题并提出改进措施，保障企业 ESG 战略有效实施，推动企业可持续发展。

决策科学性是企业在复杂多变的市场环境中实现长期发展的关键。它要求企业在重大决策过程中，充分考虑各方利益，运用科学的方法和前瞻性的视角制定决策。将高管薪酬与 ESG 绩效挂钩，是实现决策科学性的重要举措。这种薪酬机制的设计，能够有效引导高管将企业的可持续发展目标纳入战略决策考量，激励高管积极推动企业在环境保护、社会责任履行和治理体系完善等方面的工作。当高管的个人利益与企业的 ESG 绩效紧密相连时，他们会更加重视企业的长期价值创造，而不仅仅关注短期财务指标。

股东投票参与率在重大事项决策中的影响力，也是决策科学性的重要体现。股东作为企业的所有者，其参与决策的程度直接关系到决策是否符合企业的长远利益和股东的整体诉求。较高的股东投票参与率能够确保决策过程更加公开透明，使企业的发展方向更贴合广大投资者的期望。通过股东的积极参与，企业可以充分吸收不同的意见和建议，避免决策的片面性，提升决策的科学性和合理性。

透明度建设是企业治理不可或缺的组成部分，在数字化时代，其重要性愈发凸显。ESG 报告披露频率是衡量企业透明度的关键指标之一。定期发布 ESG 报告，能够让企业向外界全面展示其在环境、社会和治理方面的行动、成果以及面临的挑战，使利益相关者能够及时了解企业的可持续发展状况。这不仅有助于增强外部利益相关者对企业的信任，还能为企业树立良好的社会形象，提升企业的品牌价值。

第三方鉴证的覆盖率进一步增强了 ESG 报告内容的公信力。第三方机构凭借其专业的知识和独立的立场，对企业 ESG 报告的内容进行审核和验证，确保报告所披露信息的真实性、准确性和完整性。这种外部监督机制能够有效防止企业虚假披露，提高 ESG 信息的可信度，为利益相关者的决策提供可靠依据。

反腐败举报渠道的通畅性同样是透明度建设的重要方面。建立公开、公正且高效的举报机制，能够为企业内部和外部人员提供一个监督和反馈的平台，使腐败行为无处遁形。

畅通的举报渠道可以对潜在的腐败行为形成强大的威慑力，减少腐败现象的发生，维护企业治理结构的公正性和廉洁性，保障企业的健康稳定发展。

架构合理性、决策科学性和透明度建设共同构成了企业治理机制的核心要素。在数字经济背景下，企业只有不断优化这三个核心要素，完善治理机制，才能更好地应对各种挑战，实现ESG表现与企业价值的协同提升，在激烈的市场竞争中立于不败之地。

（二）治理维度的量化评价标准

在治理维度的量化评价中，股权结构、风险管理和信息披露是最为关键的评价指标。股权结构的评估关注实际控制人持股集中度以及机构投资者持股稳定性。高度集中的股权结构可能导致决策权力过于集中，降低治理效率；而机构投资者持股的稳定性则反映了资本市场对企业治理稳定性的信任。在风险管理方面，企业的应急响应能力和合规培训的普及程度是重要指标。数据安全事件应急响应的时效性决定了企业在面临突发风险时的反应速度和管理能力，而合规培训年度覆盖率则确保员工能够及时了解公司政策、法律法规的变动，减少合规风险。

信息披露作为治理的透明度体现，在ESG数据颗粒度和SDGs目标对标进度方面尤为关键。ESG数据颗粒度越高，说明企业在各个维度上对环境、社会责任和治理的关注越细致。例如，企业在碳排放披露时，可以按区域或业务线进行细化，增强透明度，使得投资者和公众能够清晰地了解企业的具体表现。SDGs目标对标进度则反映了企业在全球可持续发展目标框架下的实际进展，能够帮助企业与全球发展趋势接轨，推动跨国企业的绿色和社会责任战略。

（三）数字技术驱动的治理创新

随着数字经济的蓬勃发展，以人工智能、区块链、大数据为代表的数字化技术正重塑全球商业格局，企业治理模式也迎来深刻变革。这种变革不仅体现在技术工具的革新，更引发了治理理念、结构和机制的系统性重构，成为推动企业ESG表现与价值提升的关键驱动力。在这一背景下，智能治理工具与去中心化自治组织（Centralized Autonomous Organization，简称DAO）模式的应用，成为企业探索治理创新的重要方向。

1. 智能治理工具：AI技术赋能企业治理现代化

人工智能技术的演进，使企业治理突破传统模式的局限，实现从经验驱动向数据驱动、从被动应对向主动防控的转变。AI技术通过机器学习算法对海量数据的深度分析，能够精准识别企业运营中潜在的ESG风险。例如，在环境维度，AI可整合气象数据、碳排放监测数据及政策法规信息，预测企业可能面临的气候风险与合规压力；在社会维度，通过社交媒体舆情分析，及时捕捉利益相关者对企业劳工权益、社区关系等方面的关注与诉求；在治理维度，AI能够对董事会决策流程、高管薪酬体系等进行合规性审查，确保企业治理活动符合监管要求。

以腾讯“星火”合规管理系统为代表的智能治理工具，充分展现了AI在企业治理中的应用价值。该系统通过自然语言处理技术对企业内部规章制度、外部法律法规进行语义解析，构建风险知识图谱。当企业开展重大决策或业务活动时，系统可自动进行风险扫描，生成可视化的风险评估报告，并提供相应的合规建议。这种实时、动态的监控机制，不仅大幅提升了企业合规管理的效率，还能够将ESG风险防控关口前移，降低因风险暴露带来的潜在损失。从理论层面看，这一应用契合了风险管理领域的“预防成本低于补救成本”原则，为企业ESG治理提供了新的成本效益视角。

此外，AI技术还在企业ESG战略制定中发挥重要作用。通过对行业趋势、竞争对手表现及市场动态的分析，AI能够为企业提供具有前瞻性的ESG发展路径建议，助力企业在绿色转型、社会责任履行等方面抢占先机，提升企业的长期价值创造能力。

2. DAO模式：区块链技术重构供应链治理范式

DAO模式是区块链技术在企业治理领域的创新应用，其核心特征在于通过智能合约实现组织规则的自动化执行与去中心化管理。在供应链治理场景中，传统模式存在信息不对称、信任成本高、协调效率低等问题，而DAO模式的引入为这些难题提供了全新解决方案。

区块链技术的分布式账本特性，确保了供应链各环节数据的不可篡改与实时共享。在DAO模式下，供应商、制造商、物流商、零售商等供应链参与者通过智能合约建立合作关系。智能合约以代码形式将交易规则、交付标准、违约责任等条款固化，一旦触发预设条件，合约将自动执行，避免了人为干预导致的履约纠纷。例如，在原材料采购环节，当供应商完成货物交付且质量检测合格后，智能合约将自动触发付款流程，无需人工审核确认，显著提升了交易效率。

从ESG视角看，DAO模式对供应链治理的变革具有多重价值。在环境方面，通过实时追踪产品全生命周期的碳足迹，有助于企业实现供应链的绿色化改造；在社会责任方面，透明的供应链数据能够有效防止童工、强迫劳动等问题，推动企业履行社会责任；在治理方面，去中心化的决策机制避免了传统供应链中核心企业的权力集中，促进了供应链各主体的平等参与和协同治理。这种治理模式的创新，与全球倡导的可持续供应链理念高度契合，为企业提升ESG表现提供了有力支撑。

3. 数字技术驱动治理创新的价值延伸

数字技术的广泛应用，不仅推动了企业治理效率的提升，还在更深层次上重塑了企业与利益相关者的关系。通过智能治理工具与DAO模式，企业能够更精准地满足利益相关者对ESG信息透明度的需求，增强各方信任。例如，企业通过区块链技术实现ESG数据的上链存证，确保信息的真实性与可追溯性，为投资者、消费者等利益相关者提供可靠的决策依据。

从企业价值创造角度看，高效的数字治理体系能够降低企业的运营风险与合规成本，提升企业的市场竞争力。研究表明，在数字技术驱动下实现治理创新的企业，往往在资本市场获得更高的估值溢价，更易吸引长期投资者的关注。同时，良好的ESG表现与创新的治理模式，有助于企业树立负责任的品牌形象，增强消费者忠诚度，为企业创造可持续的竞争优势。

在全球可持续发展目标（SDGs）的背景下，数字技术驱动的企业治理创新具有更深远的社会价值。通过推动供应链的绿色化、透明化发展，促进企业社会责任的履行，这些创新实践正成为实现全球可持续发展的重要力量。未来，随着数字技术的不断迭代，企业治理创新将持续深化，为企业ESG表现与价值提升注入新的动力。

四、ESG三维度的协同与冲突

（一）协同效应机制

在企业的可持续发展战略中，环境与治理的联动构成了至关重要的协同效应机制，尤其是在碳排放管理领域。随着全球气候变化问题日益严峻，碳排放管理逐渐成为企业不可忽视的重要议题。在这一过程中，企业在治理维度的透明度提升，不仅是遵守政策法规的需求，更是提升企业信誉与市场竞争力的关键所在。通过加强对碳排放数据的披露，企业能够全面掌握自身在运营中所产生的碳足迹，这为其在碳排放管理上提供了更为清晰的数据基础，也为未来制定减排策略、设定碳中和目标提供了支持。透明的碳排放数据披露，不仅可以向监管机构和公众展示企业的环保承诺，还能够增强投资者对企业的信任，从而为企业带来更多的资本支持和投资机会。

治理与环境维度的协同效应也能够促进绿色技术的创新与应用。在碳排放数据逐步透明化的背景下，企业的治理结构往往更倾向于推动可持续发展和绿色技术的投资。例如，通过在公司战略中设置明确的碳排放目标与减排计划，企业不仅能够减少其环境风险，还能够激励技术创新，推动清洁能源、低碳技术、绿色建筑等领域的研发与投资。绿色技术创新的推动，不仅可以帮助企业实现能源节约和资源高效利用，还能降低对传统高碳能源的依赖，进一步提高企业在环境责任方面的履行能力。

企业的治理透明度提高，能够帮助其在资本市场中获得更多的关注与支持。投资者越来越重视企业在环境治理方面的表现，尤其是在碳排放和气候变化方面的具体举措。高透明度的碳排放数据能够向投资者传递企业对环保的重视，以及其在绿色转型中的决心和计划。这种信息的披露不仅有助于树立企业的绿色形象，也为其吸引社会责任投资和绿色资本奠定了良好的基础。事实上，许多投资者和股东会更倾向于支持那些在碳排放管理上表现优秀的企业，因为这些企业在应对气候变化、推动环境可持续性方面展现出较强的战略眼光和执行力。

在社会和治理之间的互补关系中，员工股权激励计划作为治理的一项重要措施，能够有效提高企业的人才留存率和员工忠诚度。股权激励计划使员工能够直接分享企业的成功，激励他们在日常工作中作出更多贡献，尤其是在创新和可持续发展方面。通过赋予员工一定的股权，企业能够更好地激励其长远发展和对社会责任的承担，增强员工对企业的认同感和归属感，降低人才流失率，提高整体工作效率。这种社会与治理的互补作用有助于企业在实现财务目标的同时，也能够建立强大的社会责任感，提升企业的社会价值和员工的幸福感。

（二）维度间冲突与平衡

在企业履行社会责任的过程中，如何平衡短期环保投入与股东回报压力之间的矛盾，正在成为许多企业面临的挑战。短期环保投资往往涉及较高的资金支出，这不仅会增加生产成本，还可能在短期内影响利润水平，从而对股东的即时回报产生压力。这种矛盾本质上源于短期经济利益与长期可持续发展目标之间的冲突。企业在面对这一困境时，往往需要在履行环境责任的同时，确保股东能够获得合理的回报，这需要在战略上通过深思熟虑实现平衡。

解决这一问题的关键在于通过精确的数字化工具来量化环保措施的长期收益，从而有效地消解短期与长期之间的冲突。数字化成本核算工具，尤其是碳资产贴现模型的应用，为企业提供了评估和预测环保投资长期回报的能力。这些工具能够将碳减排、能源节约等环保措施带来的长期效益进行量化，通过精确的财务分析，帮助股东理解环保投入不仅是当前的支出，更是未来潜在的收入来源。这种量化的长期收益能够使股东看到环保投资的长远价值，从而为企业提供一定的财务支持，帮助其平衡短期利润与长期可持续发展之间的矛盾。

数字化工具的引入还使企业能够实时跟踪和评估环保措施的实施效果。这些工具通过对环境责任履行过程中各项数据的精准计算，帮助企业全面了解环保投资的回报周期与盈利水平。企业可以通过数字技术展示环保投资如何在未来通过提升品牌形象、减少资源浪费、提高运营效率等方式，逐步带来经济效益。这不仅有助于加强与股东的沟通，也为企业在投资者中建立起良好的社会责任形象，增强股东对企业长期战略的认同和支持。

通过将环保成本视为未来收益的前期投资而非短期负担，企业能够更有效地消除股东对短期回报的焦虑。绿色投资不仅是为了满足政策和社会责任的要求，它还能够通过推动产品创新、优化供应链、提高资源利用效率等方式，进一步提高企业的核心竞争力。在此过程中，数字化技术不仅能够降低企业在环保方面的投入成本，还能够帮助企业高效管理和控制这些投资，实现环境与股东回报之间的双赢。

随着全球资本市场越来越注重企业的 ESG 表现，企业通过数字化技术提高环保透明度和管理能力，能够增强其在市场中的竞争力。投资者对环保责任履行良好的企业更加青睐，因为这些企业通常能够有效地规避环境风险，减少政策变动带来的不确定性。在这种情况下，企业的短期环保投入反而成了长期盈利增长的潜在来源。通过准确的数字化分析，企业不仅能够实现短期目标和长期目标的平衡，还能够为未来的发展奠定更为坚实的基础。

（三）数字经济下的框架动态调整

在数字经济时代，随着技术的迅猛发展，企业在环境、社会和治理方面的衡量标准和框架也需要不断进行动态调整。数字化背景下的新增评价维度之一是数据治理，特别是将用户数据采集的授权机制纳入治理（G）范畴。随着数据成为一种新的生产要素，企业在处理和利用数据的过程中，必须遵循严格的治理标准和法律法规。例如，用户数据的采集授权机制不仅涉及隐私保护，还关系到企业如何合理地使用这些数据推动业务增长。在数字经济时代，数据治理的重要性日益突出，企业需要不断完善其数据治理结构，确保数据采集、存储和使用的合法性与透明度。通过加强数据治理，企业能够在增强用户信任的同时，提升信息安全管理能力，避免因数据滥用引发的法律风险和社会风险。

同时，随着数字技术的不断进步，环境指标的测量精度也需要不断调整。例如，卫星遥感技术的引入使环境监测的精度得到大大提高，取代了传统的人工监测方法。卫星遥感技术能够覆盖更广泛的区域，提供实时的环境数据，帮助企业监控其运营对环境的影响。这种技术的应用使得企业能够更准确地进行碳排放、能源消耗和资源利用的评估，从而做出更科学的决策。此外，随着技术的发展，ESG数据的收集、分析和报告的精度也将不断提高，企业能够通过高精度的数据支持优化其环境责任履行，进一步推动全球可持续发展目标的实现。

数字技术的不断创新和发展，为企业提供了灵活的工具和方法，使得在数字经济时代，企业能够更加高效和精确地履行其环境、社会和治理责任。通过动态调整框架和持续优化指标，企业能够适应快速变化的市场和技术环境，推动可持续发展战略的实施。

第三节　企业价值评估理论回顾

一、传统企业价值评估方法概述

现金流折现（DCF）模型是一种基于未来现金流预测和资本成本估算来评估企业价值的方法。该方法的核心是，通过预测企业未来的自由现金流，并将这些现金流折现到当前时点，从而得出企业的现值。自由现金流预测反映了企业从运营中产生的可供分配的现金，资本成本估算则考虑了投资者期望的回报率，通常通过加权平均资本成本（WACC）来衡量[①]。DCF 模型的适用场景主要集中在成熟行业企业的估值，特别是那些现金流稳定且能够准确预测的企业。在这种情况下，DCF 能够较为准确地反映企业的内在价值。然而，DCF 模型也存在局限性，特别是在面对快速变化的行业或不稳定现金流的企业时，其预测的准确性大打折扣。尤其是对于非财务因素，如 ESG 风险，DCF 模型的敏感性较弱，这意味着企业在环境、社会责任和治理方面的表现可能无法被完全纳入估值中。此外，在数字经济企业中，数据资产的估值也是一个难点，传统的 DCF 模型往往无法有效货币化这些无形资产，如用户数据、平台效应等，从而限制了其在数字经济领域的应用效果。

市场比较法则是通过对比同类公司在市场上的估值来推导目标公司价值的一种方法。其基本逻辑是，通过选择一些可比公司，并基于财务指标如市盈率（P/E）、市净率（P/B）、企业价值与息税折旧摊销前利润的比率（EV/EBITDA）等倍数进行分析，得出目标企业的合理估值。这个方法的优点是简单直观，可以快速为企业估值提供参考，尤其在缺乏详细财务数据的情况下，市场比较法依赖市场的定价机制，具有较好的适应性。然而，在数字经济领域，平台型企业面临着一些特殊的挑战，尤其是其强大的网络效应。平台型企业的用户价值、数据资产和网络外部性对企业价值的影响往往未被充分反映在传统的估值倍数中。平台型企业的价值通常不仅体现在其当前的财务表现上，而且更多体现在未来的用户增长、数据积累和网络效应上。由于这些因素的非财务性和未来导向性，传统的 P/E、P/B、EV/EBITDA 等倍数分析可能低估了平台型企业的真正市场价值，导致传统估值方法在此类企业中的适用性有限。

资产基础法通过对企业现有资产的净值进行调整，以评估其清算价值。该方法通常适用于重资产行业，如房地产、制造业等，其中企业的价值大部分来源于实物资产的价值。在这些行业中，资产基础法能够清晰地计算出企业的总资产净值，并推算出其在清算情况下的潜在价值。然而，在数字经济中，轻资产模式成为主流，企业的核心价值更多体现在无形资产上，如专利、商标、品牌价值、数据和网络效应等。对于这种类型的企业，传统的资产基础法显得力不从心，因为它无法有效地衡量无形资产的价值。尤其是在数字经济企业中，数据资产和平台效应作为企业的重要无形资产，往往难以通过传统的资产基础法进行精确估值，导致这些企业的市场价值无法得到全面反映。这种悖论使资产基础法在数字经济中的应用受到限制，促使新的估值方法，如基于未来现金流和数据资产的价值模型等，逐渐崭露头角。

实物期权理论为企业战略决策提供了一个有力的补充，尤其在数字经济时代，企业面临的不确定性环境和技术变革速度越来越快，实物期权理论能够量化企业在面对不确定性时的战略灵活性。期权溢价体现了企业能够在未来选择是否实施某些战略决策的灵活性。

① 王琳璘，廉永辉，董捷. ESG 表现对企业价值的影响机制研究［J］. 证券市场导报，2022（5）：23－34.

例如，数字技术投资的延展性就是一个典型的实物期权应用。随着技术的发展，企业可以选择投资于新兴技术领域，扩展其业务边界，这种战略灵活性为企业带来了额外的价值。在数字化转型过程中，企业的实物期权价值越来越被认可，它反映了企业在面对不确定性时的适应能力和应对能力。然而，实物期权理论的实施也面临一定的难度，尤其是在评估与 ESG 相关的隐性期权时。例如，碳配额储备作为一种隐性期权，其定价模型尚未完全成熟。企业在进行碳配额投资时，面临的不仅是当前的市场价格，还需要考虑未来政策变化、碳市场波动等不确定因素。因此，如何建立一个成熟的定价模型，将 ESG 相关的隐性期权纳入估值框架中，仍然是实物期权理论在企业价值评估中面临的一个挑战。

二、ESG 因素融入企业价值评估的理论演进

（一）外部性内部化的理论突破

外部性内部化的理论突破通过修正传统的 DCF 模型，使其更加适应包含环境、社会及治理（ESG）因素的现代企业估值框架。在传统的 DCF 模型中，企业的现金流通常基于现有的财务和经营活动进行预测，忽略了非财务因素对企业未来现金流的潜在影响，尤其是 ESG 风险所带来的外部成本。然而，随着全球对可持续发展的关注增加，越来越多的企业面临因环境污染、资源浪费等问题带来的外部成本，如环境罚款、法律诉讼和政策处罚等。这些因素对企业的现金流和长期价值产生直接影响，因此，通过将这些 ESG 外部成本内部化为现金流调整项，DCF 模型能够更准确地反映企业在可持续发展路径中的实际财务状况。比如，对于碳排放较为集中的行业，碳税和环保法规可能会成为企业的一项重要负担，必须在 DCF 模型中进行相应的现金流调整，从而影响最终的企业估值。

通过案例佐证，石油企业在面临碳税预期时，其储量估值往往会出现折价。因为储量本身作为未来的现金流来源，其价值受到未来碳税政策的影响，尤其是在全球日益严格的碳排放政策下，石油行业可能会面临更高的税负，这将直接减少企业的利润空间和现金流。这类外部成本的内部化使企业在进行资本预算和估值时，能够更真实地反映其面临的风险和挑战，也使投资者和决策者能够更全面地评估企业的长期财务可持续性。

（二）风险溢价视角的模型重构

风险溢价视角的模型重构是为了更好地反映 ESG 表现对企业融资成本的影响。在传统的资本成本计算中，资本资产定价模型（CAPM）被广泛应用，β 系数用于衡量企业相对于市场整体的风险。当企业的 ESG 评级较高时，说明其在环境保护、社会责任和治理结构方面的管理水平较高，通常意味着这些企业面临的潜在风险较低，能够有效规避因环境问题、社会争议或治理不善带来的财务风险。基于这一原理，企业的 ESG 评级可以作为一个重要因素来调整 β 系数，从而影响企业的资本成本。例如，ESG 评级较高的企业通

常能够享受较低的融资成本，因为投资者会认为这些企业在长期运营中风险较低，能够提供更加稳定的回报。

这一调整已得到实证依据的支持。根据 MSCI ESG 领先指数成分股的表现，这些企业的加权平均资本成本（WACC）平均低 0.8～1.2 个百分点。说明 ESG 表现良好的企业能够以更低的资本成本融资，获得更有利的市场条件。这不仅为投资者提供了更具吸引力的投资机会，也为企业本身提供了融资优势，使其能够以更低的成本筹集资金，推动绿色转型和可持续发展战略的实施。这种融资成本的降低，反过来又进一步加强了企业在 ESG 领域的投资意愿，从而形成一个良性循环。

（三）增长期权理论的扩展应用

增长期权理论提供了一个量化企业战略灵活性和应对不确定性的有效框架。在数字经济和绿色转型的背景下，企业的未来成长机会越来越依赖其在 ESG 领域的投资与创新，尤其是绿色技术的研发。企业通过对绿色技术的研发投入，能够获得未来独占市场的机会，这些机会具有期权性质，因为它们给予企业未来在不确定市场环境中"选择权"，即在某些条件下决定是否进行某项投资或扩张。例如，一家致力于清洁能源技术的公司，通过研发低碳技术、提高能源效率等创新措施，不仅能够在现有市场中占据一席之地，还能够在未来享受技术专利保护和市场独占的优势。这种增长期权将转化为企业未来的市场独占权，帮助其在竞争中保持领先地位。

为量化这一增长期权的价值，蒙特卡洛模拟设计了一个常用的技术手段。通过模拟不同 ESG 政策情景下的技术商业化概率，企业可以评估在不同政策环境下，绿色技术的市场潜力和回报率。这些模拟能够为企业提供多种未来发展路径的预测，帮助管理层在面对不确定性时做出更加理性和科学的决策。随着绿色技术的不断发展和政策环境的不断变化，企业通过增长期权理论所识别的未来增长机会，不仅能够提高其在市场中的竞争力，还能够在全球环保法规日益严格的背景下获得政策红利和市场份额。

通过这些理论和模型的创新，企业能够在全球可持续发展的趋势下，更好地识别和把握 ESG 带来的长期价值。数字经济和绿色技术的快速发展推动了企业价值评估方法的不断更新，使企业能够在复杂的市场环境中，通过更具前瞻性和灵活性的战略应对，实现长期可持续的增长与盈利。这些理论的扩展与应用，为企业的 ESG 投资决策提供了强大的理论支持和实践指导，推动全球经济向更加绿色、可持续的方向发展。

三、ESG 价值传导的维度化分析框架

（一）环境（E）维度的价值路径

在企业的可持续发展战略中，环境维度的价值路径主要通过两条途径来体现：成本节

约和收入创造。

首先，提高能源效率是环境维度中实现成本节约的关键途径之一。随着全球对能源消耗和环境保护要求的不断提高，企业在运营中逐渐采用更加高效、绿色的能源管理技术，推动能源使用的优化。通过智能电网、节能设备、自动化控制系统等手段，企业不仅能够提高能源利用效率，还能够实现长期的运营成本节约。例如，智能电网技术在电力行业中的应用，通过精准的需求预测、负载管理以及优化调度，使能源的使用效率提高了20%～30%。这种技术不仅显著降低了企业的能源支出，还帮助企业最大限度地减少了电力浪费，提高了能源的利用率，并减少了温室气体排放，推动了绿色运营模式的形成。

其次，企业还可以通过绿色建筑、清洁能源和绿色生产工艺等措施进一步减少碳足迹和资源消耗，从而实现长期的成本节约。绿色建筑设计、节能设备的投入以及可再生能源的使用，能大大降低企业对传统能源的依赖，降低能源采购成本，并帮助企业在符合环保法规的同时降低了生产成本。与此同时，这些措施不仅有助于降低运营成本，还能提高企业的市场竞争力，使其在日益关注环境保护的消费者和投资者眼中树立更好的品牌形象。

最后，碳积分交易作为收入创造机制，为企业提供了新的经济增长点。在全球碳市场逐渐成熟和完善的背景下，企业通过实施减排措施，能够获得碳积分。这些碳积分可以通过碳交易市场出售，带来直接的经济收益。以特斯拉为例，2022年该公司通过销售碳积分获得了17.9亿美元的收入。对于一些高碳排放的企业，碳积分交易不仅帮助他们完成减排目标，还提供了通过投资绿色技术获得额外利润的机会。这种机制使企业能够在追求环保目标的同时，创造经济效益，形成双赢局面。

碳积分交易不仅是企业盈利的一个新来源，它还激励了更多企业采取低碳和绿色技术。通过碳市场，企业能够获得经济激励，从而加快绿色技术的创新与应用，推动产业链的低碳转型。此外，随着全球对碳排放的监管趋严，企业在碳积分市场中所获得的收益将更加重要，成为企业可持续发展战略中的一部分。企业在推动绿色转型的过程中，不仅能够在碳市场中获得利益，还能够提升品牌的环保形象，吸引更多关注可持续发展的消费者和投资者，从而获得更多的市场份额和资本支持。

因此，企业通过绿色运营模式和碳积分交易，不仅能够减少运营成本、提高能源效率，还能够在全球低碳经济的趋势中找到新的增长机会。这些途径帮助企业在实现环保责任的同时，创造了可观的经济效益，推动了企业的可持续发展，增强了其在全球市场中的竞争力。通过数字化工具的辅助，企业还可以更精准地跟踪和优化这些绿色投资和收入创造路径，进一步提高其环境管理能力和财务表现。这些措施共同推动了企业在经济和环境双重目标下的长期发展。

（二）社会（S）维度的价值转化

社会维度的价值转化在企业的可持续发展战略中，主要通过人力资本的增值和品牌溢价的提高两条路径来体现。

员工是企业最宝贵的资源之一，提高员工的满意度和福利水平能够直接影响企业的整体运营效率。研究表明，员工满意度每提高 1%，能够带动生产率提高 0.5%～1.2%。这种人力资本的增值不仅体现在减少员工流失、降低招聘和培训成本上，还能够提升企业的创新能力和业务执行力。通过改善工作环境、提供具有竞争力的薪酬福利、制定合理的职业发展路径以及提供培训和晋升机会，企业能够营造一个积极向上的工作氛围，激励员工的工作热情和创造力。这种员工满意度的提高，反过来又能够增强企业的核心竞争力，进一步推动企业在激烈的市场竞争中脱颖而出。

品牌溢价也是社会维度带来的另一重要价值转化。在当前社会，消费者对企业履行社会责任、推动可持续发展的关注程度不断上升。越来越多的消费者开始关注企业的 ESG（环境、社会和治理）表现，并将其作为购买决策的关键因素之一。研究表明，企业的 ESG 评级每提高 1 级，特别是在消费品行业中，企业的定价权通常能够提高 2%～3%。这意味着，企业在不断优化其社会责任实践、提升可持续发展表现的过程中，不仅能够提升品牌形象，还能通过产品的溢价能力，在市场中获得更多消费者的青睐。具体而言，企业的社会责任实践，如确保公平贸易、保护劳工权益、推出环保产品等，能够提高企业的信誉度和品牌价值，转化为消费者愿意支付更高价格的动力。

消费者愿意为具有强烈社会责任感和可持续发展意识的企业支付更高的溢价，这为企业提供了更为广泛的市场机会。企业通过积极参与社会责任活动，树立起良好的社会形象，不仅能够吸引更多的忠实客户，还能通过品牌溢价进一步提高自身的市场地位。此外，企业的社会责任实践还能够增强投资者的信任，吸引更多的社会责任投资基金，从而为企业的长期发展提供资本支持。这一系列正向反馈最终推动了企业在社会维度的持续价值转化。

（三）治理（G）维度的风险对冲

治理维度在企业长期发展中发挥着至关重要的作用，尤其在风险管理和决策效率提高方面。一个健全的治理结构能够帮助企业有效规避违规成本，减少法律诉讼和合规风险。研究发现，治理评级排名在 Top 25%的企业，其涉诉概率能够降低 40%～60%。这意味着，企业通过优化治理结构、加强合规管理、提高信息透明度，能够显著降低因不合规行为所带来的法律风险和经济损失。例如，强化董事会独立性、设立专门的审计和合规委员会，以及加强内部控制，都能帮助企业有效监控和管理潜在的合规风险，确保企业在法律框架内高效运营。

数字化治理为企业提供了提高决策效率的强大工具。通过引入 AI 和大数据分析等数字技术，企业能够加速战略响应的周期。例如，AI 风控系统的应用能够提高决策的准确性和响应速度。研究表明，AI 系统能够在 70%的时间内加速决策过程。这种数字化治理不仅提高了企业应对市场变化的能力，还增强了企业在复杂和多变环境中的竞争力。通过高效的决策机制，企业能够更快速地应对市场需求变化、政策调整和技术创新，从而保持在行业中的领先地位。

环境、社会和治理维度为企业带来的价值路径和转化方式已逐步得到市场和投资者的广泛认可。在环境维度方面，企业通过提高能源效率和参与碳积分交易实现了成本节约和收入创造。在社会维度方面，企业通过提高员工满意度和加强品牌溢价提高了人力资本和市场竞争力。在治理维度方面，优化治理结构和引入数字化技术提高了风险管理能力和决策效率。这些举措不仅增强了企业的财务表现，也推动了其在社会、环境和治理方面的可持续发展，实现了企业价值和社会责任的双重提升。

四、数字经济下的评估方法论创新

随着数字经济的发展，数据已经成为企业的核心资产之一，其估值方式也面临着前所未有的挑战和技术突破。用户数据的价值测算，特别是通过客户生命周期价值（CLV）模型的应用，已成为衡量用户数据的重要手段。CLV模型通过预测用户在整个生命周期内为企业带来的净利润，帮助企业评估不同类型用户的潜在价值。然而，随着隐私保护法律和数据安全政策的加强，数据的使用面临更加严格的监管，隐私计算技术应运而生，它使企业可以在保护用户隐私的前提下，依然能够利用用户数据进行精确分析和价值预测。隐私计算通过加密算法确保数据的隐私性，提供了一种能够平衡数据价值利用和隐私保护的新方法。通过结合CLV模型和隐私计算，企业不仅可以有效测算数据资产的价值，还能够在满足法律法规的基础上实现数据驱动的商业价值。

数字基建的资本化同样是一个技术突破，尤其是在5G基站和云服务器等设施的折旧政策与企业ESG效能之间的联动分析上。随着5G技术和云计算服务的普及，这些基础设施已成为支持企业数字化转型的核心资源。然而，如何对这些数字基建进行合理的资本化，并与企业的ESG表现相结合，是一个重要的挑战。通过将这些基建设施的折旧政策与企业在环境、社会和治理方面的效能进行联动分析，企业可以更好地评估这些资产的长期经济效益和环境影响。这不仅有助于提高企业的资本效率，也为其可持续发展战略提供了重要支持。

网络效应在平台型企业中尤为关键，企业如何有效捕获这种效应，成了衡量其市场价值的重要指标。梅特卡夫定律一直是衡量网络效应的重要理论，它指出，一个网络的价值与其用户数的平方成正比。然而，传统的梅特卡夫定律未能充分考虑到口碑效应和社会责任对用户增长的影响。因此，通过修正梅特卡夫定律，校准ESG口碑对用户增长的非线性影响系数，可以更准确地反映企业在执行ESG战略时如何影响用户的选择和行为。例如，企业通过优质的社会责任实践，如公平贸易、绿色产品、数据隐私保护等，可以通过提升品牌形象和用户信任度，促进用户增长并增强网络效应。随着企业在社会责任方面的投入，用户不仅会更忠诚于平台，还会通过口碑传播，吸引更多的新用户加入，从而形成正向循环。

平台型企业的网络效应也体现在双边市场定价策略上，尤其是 ESG 投入如何影响平台的供需端黏性。在双边市场中，平台型企业面临着如何在供应端（如服务提供商）和需求端（如消费者）之间找到平衡的挑战。平台型企业的 ESG 战略，尤其是在环境保护、社会责任和治理结构方面的投入，可以提高平台的吸引力，增强供需端的黏性。通过投入绿色技术、保障供应商的权益、提高数据安全性等，平台不仅可以增强服务提供商的信任度，还能提升消费者的忠诚度，从而增强平台的整体吸引力和竞争力。这种平台效应的提升，不仅通过传统的网络效应得到体现，也通过 ESG 策略对平台供需端的双向吸引力产生了更为深远的影响。

机器学习技术的引入，赋予了企业在动态评估方面新的能力，尤其是在 ESG 评估和风险预测中，机器学习的应用正在成为一种趋势。非结构化数据处理是机器学习赋能的一项重要应用，尤其是自然语言处理（NLP）技术在处理 ESG 报告中的情绪信号和风险预警方面具有独特优势。NLP 技术能够自动从大量的非结构化文本数据中提取情绪信号，分析企业在 ESG 报告中所传达的积极或消极情绪，从而评估企业在环境、社会和治理方面的潜在风险。例如，企业在报告中提到的负面环境影响或未履行的社会责任，会通过 NLP 技术得到实时识别，并为决策者提供预警信息。这种技术不仅提高了 ESG 评估的效率，还使企业能够及时发现潜在风险，并做出相应的调整，降低可能的负面影响。

实时价值监测系统的构建，是数字技术和 ESG 评估相结合的另一大突破。基于区块链的 ESG 数据流自动触发估值模型的迭代，使企业可以实时监控和更新其在 ESG 领域的表现，并对企业价值进行动态调整。区块链技术能够确保数据的透明性和不可篡改性，从而提高 ESG 数据的可信度和准确性。通过将区块链与估值模型相结合，企业不仅可以实时获取 ESG 数据的变化，还能自动触发估值模型的更新，确保企业的市场估值与其社会和环境责任的履行状况相匹配。这种实时动态的估值方式，帮助企业更精确地把握市场对其 ESG 表现的反应，并调整战略，以应对外部环境的变化。

第四节　ESG 表现与企业价值的理论关联

一、ESG 表现对企业长期绩效的影响机制

（一）风险对冲机制

在现代企业的运营中，风险对冲机制成为确保其长期稳定发展的关键。环境维度的风

险对冲机制主要体现在绿色技术的投入上。随着全球气候变化问题的日益严重，碳关税和碳交易政策逐渐成为影响企业运营的重要因素。[①] 企业通过加大对绿色技术的研发和应用，可以有效地降低碳关税对其成本结构的冲击。例如，宁德时代通过其电池回收技术，不仅在环保方面作出贡献，还规避了原材料价格波动的风险。这项技术使企业能够在不依赖外部稀有材料的情况下，利用回收材料生产电池，从而减少了对市场原材料价格波动的敏感性。这种绿色技术的投入在降低风险的同时，还提高了企业在环保领域的市场竞争力。

在治理维度，数字化审计系统的引入进一步加强了企业的风险管理能力。数字化审计系统能够实时监控企业的运营数据和合规情况，从而提前识别潜在的违规风险，减少违规处罚的可能性。例如，腾讯在2022年通过其合规管理系统有效降低了32%的诉讼成本。这一系统的引入通过增强企业内部的透明度和审计能力，减少了外部法律风险，提高了企业应对合规挑战的能力。这种系统化的治理机制不仅有助于企业降低合规成本，还能够增强投资者对企业长期稳健运营的信心。

从理论角度来看，风险管理理论中将ESG视为非系统性风险的缓释工具。企业在实施ESG战略时，能够将环境、社会和治理因素纳入其风险管理框架，从而降低企业面临的外部风险和不确定性。通过增强企业在这些维度的表现，ESG战略不仅有助于企业规避直接的风险（如碳关税、诉讼等），还能够提升企业的长期竞争力和社会声誉。

（二）资源获取机制

资源获取机制是企业在竞争激烈的市场中保持优势的关键。ESG表现的提高为企业提供了低成本资本的捕获机会。研究表明，企业的ESG评级每提高1级，企业债券发行利率平均下降0.25个百分点。这意味着，企业通过在环境保护、社会责任和治理结构方面的投资，不仅能够降低融资成本，还能在资本市场上获得更多的投资者关注。高ESG评级企业通常被视为风险较低的投资标的，因此可以以更低的利率发行债券，从而降低其资本成本。这种低成本资本的获取，不仅有助于企业的财务健康，还能够为其可持续发展战略的实施提供资金支持。

在人才获取方面，ESG领先企业也能够通过提高员工的吸引力和留存率，获得更强的人才竞争力。根据领英2023年的调研，ESG表现优秀的企业，其员工主动流失率比行业均值低18%。这意味着，企业在社会责任和治理结构方面的投入能够显著提高员工的忠诚度和满意度。员工更愿意加入那些具有社会责任感的企业，因为他们希望在个人职业发展中实现自我价值，并为社会作出贡献。通过提升ESG表现，企业不仅能够吸引更多有才华的员工，还能减少员工流失，降低招聘和培训成本，从而增强企业的人力资源竞争力。

从理论角度来看，资源依赖理论为这一现象提供了支撑。该理论认为，企业的成功与

---

① 陈若鸿，赵雪延，金华．企业ESG表现对其融资成本的影响［J］．科学决策，2022（11）：24－40.

其能够有效获取关键资源的能力密切相关。ESG 作为一种关键资源，已经成为现代企业获取外部资本和人才的重要渠道。企业通过实施有效的 ESG 战略，能够增强其在资本市场和人才市场上的吸引力，从而为其长远发展提供更强的资源保障。通过对资源依赖理论的实证检验，我们可以看到，企业在提高 ESG 评级的同时，能够通过降低资本成本和增强人才吸引力，获得更多的竞争优势，推动其可持续发展战略的顺利实施。

（三）声誉溢价机制

声誉溢价机制在现代商业环境中扮演着越来越重要的角色，特别是在消费者行为和机构投资决策中，企业的 ESG 表现能够直接影响其市场价值。消费者支付意愿的提升是声誉溢价的直接体现。根据尼尔森 2022 年的报告，食品行业中 ESG 评级 A 级以上的品牌，其产品通常能够获得 15％～20％的品牌溢价。这意味着，消费者在选择食品品牌时，更倾向于购买那些在环境保护、社会责任和治理结构方面表现优秀的品牌。这种消费者行为反映了市场对企业社会责任的高度重视，企业的良好 ESG 表现不仅帮助其塑造积极的品牌形象，还能够为其产品带来更高的市场溢价。尤其在环保和健康问题日益受到关注的今天，消费者愿意为符合自己价值观的品牌支付溢价，企业通过提高 ESG 评级，不仅增强了品牌的市场竞争力，也提高了其产品的市场接受度和忠诚度。

在机构投资者的偏好方面，ESG 表现同样具有显著的溢价效应。全球 ESG 基金的规模已经突破 35 万亿美元，且这一数字仍在持续增长。ESG 投资已经不再是少数投资者的选择，而是全球资本市场的主流趋势。随着投资者对可持续发展议题的关注度提升，机构投资者对企业 ESG 表现的重视程度不断加深。研究表明，ESG 评级较高的企业，其头部企业的机构持股比例通常能比低 ESG 评级企业提高 5～8 个百分点。这一现象表明，机构投资者更愿意持有在环境、社会和治理方面表现突出的企业股票，因为这些企业的风险相对较低，且具有更高的长期增长潜力。通过提高 ESG 表现，企业不仅能够吸引更多的资本流入，还能够在投资者中建立更强的信任关系，从而提高企业的股东价值。

信号传递理论为这一现象提供了有效的理论支撑。在数字媒体时代，信号传递的效应进一步得到强化。社交媒体和数字平台使得企业的 ESG 表现能够迅速传播至广大消费者和投资者面前，形成强大的舆情效应。企业在社交媒体上的形象、公众舆论的反应和媒体报道都会直接影响其在消费者和投资者中的声誉。例如，社交媒体上的 ESG 舆情指数（如公众对企业环保行为的态度、企业在社会责任领域的表现等）对企业估值的影响日益增大。当企业的 ESG 表现得到积极舆论的认可时，企业的市场价值往往会得到提高；而当企业在 ESG 方面出现负面信息时，负面舆情可能会迅速地削弱其市场地位和资本吸引力。因此，数字化信息传播的迅速性和广泛性使得企业的社会责任表现成为企业估值的重要组成部分，舆论的正向反馈能够通过社交媒体放大，推动企业品牌价值和市场表现的提高。

二、数字经济时代下 ESG 因素的新作用路径

（一）数据驱动的价值重构路径

数据驱动的价值重构路径正在为企业提供前所未有的机会，尤其是在 ESG 管理方面。大数据分析通过收集和处理大量的信息，帮助企业优化其环境、社会和治理战略的实施。在精准化 ESG 管理中，企业能够利用大数据对清洁技术的研发方向进行细致分析。以特斯拉为例，该公司通过其电池能耗数据库，实时跟踪和分析电池能效，进一步推动其技术创新，提高能源利用率，减少能耗并降低环境影响。这种基于数据的优化，不仅加速了清洁技术的研发，也使得企业能够在日益严格的环保政策下保持竞争力。通过将大数据分析融入研发决策中，企业能够更加精准地把握市场趋势，发现潜在的技术突破点，提高其整体 ESG 表现。

在动态风险定价方面，机器学习模型的应用使得企业能够实时调整其 ESG 风险溢价参数，精准反映市场对企业 ESG 表现的风险认知。例如，彭博推出的 ESG 即时估值系统，能够通过机器学习算法自动调整估值模型，从而减少误差，确保对企业 ESG 表现的精准定价。通过实时更新风险溢价参数，企业能够快速地响应市场环境和政策变化，调整其资本成本，优化融资策略。这种动态的定价机制不仅提高了估值的精度，还为投资者提供了更加透明的市场信号，帮助他们做出更合理的投资决策。

在典型案例中，蚂蚁集团的“绿色能量”平台通过用户行为数据量化碳减排贡献值，展示了如何将数据与 ESG 目标结合，推动社会和环境责任的实现。该平台通过监测用户的日常绿色行为（如低碳出行、垃圾分类等），将这些行为转化为碳减排量，从而帮助用户理解自己的碳足迹并激励其采取更多环保行动。这种基于数据的 ESG 衡量方法不仅增强了用户的参与感和责任感，还为企业带来了新的商业机会，并推动绿色金融和环保项目的发展。

（二）网络效应的价值放大路径

平台型企业的网络效应在 ESG 领域的应用正在引起广泛关注。随着平台型企业的崛起，ESG 生态系统的建设成为提高企业整体价值的重要路径。阿里巴巴的“蚂蚁森林”项目就是一个典型的成功案例，该项目通过创新的数字平台使用户参与到绿色环保行动中，用户通过线上种树等方式参与碳减排，而“蚂蚁森林”的用户数量已经突破 6 亿，形成了强大的网络效应。该项目不仅通过用户行为推动了环保理念的普及，也带动了生态伙伴的估值增长，估值增长超过 200 亿元。这一案例表明，平台型企业通过汇聚大量用户参与到社会和环境责任的活动中，不仅能够提升其品牌形象，还能够通过网络效应扩大其 ESG 战略的市场影响力，实现价值的共创和共享。

在数字供应链协同方面，区块链技术的引入正在重塑企业的供应链管理模式。以IBM Food Trust为例，该区块链溯源系统使得供应商能够实时追踪其产品的来源和生产过程，确保其符合ESG标准。通过区块链技术，企业能够实现透明化管理，提高供应链的可信度，同时减少供应商在合规过程中面临的成本压力。ESG合规的供应商在获得客户信任后，其获客成本能够降低40%。这一变化不仅促进了企业的可持续发展，也为企业带来了成本效益和竞争优势。区块链溯源系统使得供应链的每个环节都能实现可追溯和透明化，增强了企业在全球市场中的合规性和责任感。

在理论创新方面，梅特卡夫定律的修正被广泛应用于分析ESG网络效应的价值。传统的梅特卡夫定律认为，网络的价值与其节点数量呈平方关系，但这种模型忽略了节点质量对网络效应的影响。在ESG领域，节点质量的权重调整模型被提出，通过对平台内用户、企业或供应商的ESG表现进行量化，调整节点的质量权重，从而更准确地反映网络效应对企业价值的影响。例如，平台内高ESG表现的企业将对网络的整体价值贡献更大，因此在评估平台的价值时，节点质量的权重需要考虑这些高ESG表现企业的积极作用。这一创新使得网络效应的评估更加精准，并为企业在实施ESG战略时提供了新的理论支持和实务指导。

（三）技术融合的价值创造路径

技术融合正在为企业带来前所未有的价值创造机会，尤其是在提高治理效率、环境管理和整体ESG表现方面。人工智能在治理领域的赋能为企业提供了显著的价值提升。京东通过其智能客服系统，不仅有效地将客户满意度提高至98%，还成功地将退货率降低了25%。这一成绩的取得得益于人工智能技术对客户需求的精准预测和自动化服务的提升。智能客服系统通过自然语言处理和机器学习技术，不仅能够及时响应客户咨询，还能根据客户的历史行为和偏好提供个性化的服务，从而提高了客户的满意度和忠诚度。此外，AI技术的引入减少了人工干预的需求，提高了运营效率，进而降低了退货率，优化了企业的资源配置，降低了物流和退货成本。通过这种方式，企业能够在提高客户体验的同时，实现成本控制和效益提高，推动社会责任和盈利目标的平衡。

在环境管理方面，数字孪生技术的应用为企业提供了更高效的环境优化手段。施耐德电气的智慧工厂通过虚拟仿真技术，成功地实现了环境管理的优化，减少了63%的试错性排放。数字孪生技术通过创建工厂和生产线的虚拟模型，实时监控生产过程中的能耗、废物排放等关键环境指标，并通过模拟不同的操作方案，预测各项决策对环境的影响。这种虚拟仿真技术不仅帮助施耐德电气降低了环境风险，还通过减少不必要的试错过程，优化了生产流程，提高了生产效率。数字孪生技术的引入，不仅推动了企业的绿色转型，还实现了环境影响的最小化，为企业在全球日益严格的环保监管中提供了竞争优势。

技术融合的价值创造不仅体现在人工智能和数字孪生技术的应用上，还体现在理论框架的创新和突破上。技术接受模型（TAM）与ESG价值创造的耦合效应分析是近年来理论研究中的一个重要发展。TAM模型主要用于评估用户对新技术的接受程度，能够有效地解释技术采纳过程中的心理障碍和行为动机。当将TAM模型应用于ESG价值创造时，我们可以分析技术创新如何驱动企业在环境保护、社会责任和治理方面的成效。通过对企业采纳绿色技术和社会责任技术的接受度进行研究，TAM模型可以帮助我们理解技术采纳与ESG价值之间的关系，揭示技术创新如何促进企业在可持续发展中的表现。企业通过采纳先进的环保技术和社会管理技术，能够提升其在市场中的声誉和竞争力，进而实现可持续的盈利增长。

三、数字经济与ESG的协同作用模型

（一）“数字—ESG—价值”三维互动模型

在当前的商业环境中，数字化转型和ESG（环境、社会、治理）战略之间的互动关系复杂且深远。构建一个“数字—ESG—价值”三维互动模型，可以帮助企业更加清晰地理解数字化转型如何推动其ESG表现，并进一步影响企业价值。

模型的X轴代表数字化渗透，描述了企业数字化转型的不同阶段及其对ESG效能的影响。在信息化到智能化的转型过程中，企业不仅提高了运营效率，还能够更加精确地管理和执行环境保护、社会责任和治理结构等策略。例如，在信息化阶段，企业可能仅仅是通过数字工具进行数据收集和报告，而在智能化阶段，企业通过人工智能、物联网等技术实现环境监控、社会责任管理以及决策优化。随着数字化渗透的加深，企业能够更有效地实施ESG战略，进而提升其社会效益和环境效益，推动绿色转型。

Y轴则代表ESG强度，即企业在环境、社会和治理维度上的投入和执行力度。不同维度对企业价值的贡献存在异质性特征，特别是在环境维度上，可能呈现出J形曲线效应。环境治理的初期投入往往能够带来较大的效益，随着投入的增加，企业的碳排放减少、资源利用率提高，环境治理带来的收益会逐步增加。然而，当企业的环保投入达到一定水平后，边际效益逐渐递减，直到某个临界点，进一步的投入可能不再产生预期的经济效益。这种J形曲线效应在其他维度（如社会责任和治理结构）中也有所体现，但其贡献和效应的模式有所不同。对于社会和治理的投入，企业在提高员工满意度、保障消费者权益以及优化公司治理结构等方面，通常能够获得持续的回报，推动企业的长期稳定发展。

Z轴代表价值增值，即短期财务回报和长期社会价值之间的动态平衡区间。在短期内，企业可能更多关注财务回报，如通过降低运营成本或提高销售收入来实现盈利。然而，随着企业在ESG方面的持续投入，长期社会价值的创造将逐步显现，推动企业在社会责任、环境保护和可持续发展中的影响力。这一价值增值模型强调了短期目标与长期目标之间的平衡和协调。企业通过建立灵活的战略，能够在短期内获得财务收益的同时，不

断增强其社会责任的履行和环境绩效，最终实现长期的社会价值和企业价值双赢。

（二）阈值效应与边际收益分析

阈值效应和边际收益分析为企业在数字化转型和 ESG 战略执行中提供了重要的量化依据，帮助企业识别不同投入阶段对价值提升的影响。

首先，数字化基础设施临界点的概念揭示了企业在进行数字化转型时，IT 投入对企业整体运营和 ESG 表现的影响。当 IT 投入占比超过营收的 3%时，数字化基础设施的投入能够显著提高 ESG 效能，进而提高企业的投资回报率（ROIC）。此时，数字化的深度应用使得企业能够更加精准地管理资源、优化生产流程，并在环境保护、社会责任和治理结构等方面取得较为明显的改善。企业通过大数据分析、云计算和智能化运营的引入，可以在减少碳排放、提高员工福利和改善治理结构等方面实现显著成效，从而增强企业的市场竞争力和财务回报。

其次，在 ESG 投入边际递减点的分析中，环境治理投入与碳减排成本收益率的关系尤为重要。研究表明，当企业的环境治理投入超过净利润的 8%时，碳减排成本收益率开始下降。这意味着，过度的投入虽然可能带来一定的社会效益，但其财务回报会逐渐减少。因此，企业在制定环境治理战略时，必须谨慎权衡投入与产出之间的关系，避免盲目追求过高的环保投资，而忽略了成本效益的考量。对于企业来说，找准环境治理投入的最佳比例，确保其既能达到环境目标，又不会过度消耗财务资源，是实现可持续发展的关键。

最后，基于阈值效应的分析，政策启示也具有重要意义。政府和监管机构可以根据不同行业的特点，制定 ESG 数字化投入的财税激励梯度标准。这意味着，不同行业在进行 ESG 数字化转型时，可以享受不同的政策支持。例如，对于资本密集型的行业，政府可以提供较高的数字化投资补贴，以鼓励企业进行绿色技术投资；而对于高科技行业，则可以通过税收减免等方式，促进企业在社会责任和治理结构方面的投入。这些政策支持不仅能够帮助企业降低数字化转型的成本，还能够推动行业的绿色转型，促进可持续发展的实现。

通过阈值效应和边际收益分析，企业能够在数字化转型和 ESG 战略实施的过程中，获得更加精准的决策依据，识别不同投入阶段对企业价值的影响，为其长远发展提供稳固的支持。这种科学的决策机制不仅帮助企业提高效率、降低风险，还能够提升其在全球竞争中的综合实力。

第三章 研究方法

第一节 研究方法选择

一、数据采集方法

（一）深度访谈与专家咨询

在数字经济环境下，ESG 治理的重构路径呈现出多维度、多层次的特点，因此，通过深度访谈和专家咨询能够为我们的研究提供更为直观、丰富的第一手资料。首先，通过选取 20 位企业的可持续发展官和数字转型专家进行半结构化访谈，能深入了解企业在实际运营中如何通过数字化手段提升 ESG 治理效能。访谈内容将聚焦于数字经济如何在各个行业内推动 ESG 目标的实现，特别是围绕数据中台建设、碳核算效率提高等方面进行探讨。数据中台作为数字化转型的重要支撑平台，能够有效整合企业内部的各类数据，帮助企业精准计算碳排放量、监控环境风险，并实时调整策略。这一过程对于企业提升 ESG 治理能力、减轻环境负担和提升社会责任感具有重要的作用。

通过对这些专家的访谈，可以进一步深入理解数字化技术，尤其是大数据、AI、区块链等技术，如何在实际应用中解决企业面临的 ESG 挑战。例如，通过访谈可以获取关于如何利用数字工具提高碳排放监控的精准度、如何运用人工智能优化废水处理等环保措施的具体案例。这些深度访谈将为我们提供实际操作层面的宝贵经验，进一步验证数字经济与 ESG 治理的紧密联系和相互作用。

采用德尔菲法对 15 位学界及业界专家进行三轮咨询，可以为研究提供更加系统的理论支持。在每一轮咨询中，专家们将根据不同的议题深入探讨数字经济背景下 ESG 因子的重要性及其相对权重。例如，随着数字化转型的推进，企业在 ESG 报告中逐渐更加关注数据治理、信息披露的透明度等因素。这些因素的权重变化将有助于识别出未来 ESG

治理的新焦点，并为企业在策略制定过程中提供重要参考。

德尔菲法通过多轮匿名反馈，可以确保不同专家的观点得到充分表达，并在每一轮讨论后进行优化和调整，最终达成共识。这种方法能够有效地减少专家意见中的偏差，提高研究结论的准确性和科学性。通过这一过程，能够更加清晰地了解在数字经济背景下，ESG 各因子之间的相互关系及其对企业长期可持续发展的重要性。

（二）非结构化数据整合

在数字化转型背景下，非结构化数据的整合成了提升企业 ESG 治理能力的重要途径之一。企业和政府在各类平台上积累了大量的非结构化数据，这些数据包括但不限于企业的数字化转型案例、环境监测数据、社交媒体上的舆情反馈、消费者行为数据等。为了更好地发挥这些数据的价值，需要通过先进的技术手段对其进行整合和分析，以便为决策提供有力的支持。

首先，通过采集企业数字化转型案例库中的数据，尤其是来自 IDC 数字化转型案例集的内容，可以帮助我们全面了解不同行业、不同规模的企业在推动数字化转型过程中的实践经验和成效。这些案例通常包含了企业在数字化转型中如何利用技术手段提升 ESG 表现的具体操作，如如何通过 AI 优化生产过程、通过区块链技术实现碳排放透明化等。通过对这些案例数据的整合，不仅能够帮助其他企业借鉴经验，还可以为研究提供真实的实践背景，揭示数字化转型与 ESG 绩效提高之间的关系。

官方开放数据平台，如欧盟 Open Data Portal，提供了大量关于环境监测的数据。这些数据涉及环境质量、能源消耗、碳排放等领域，是推动企业实现绿色转型、加强环保治理的关键参考。将这些数据与企业内部的非结构化数据进行整合，能够帮助企业实时掌握外部环境变化，优化其 ESG 战略。例如，企业可以通过与政府开放数据平台的数据对接，实时调整供应链中的环境监控措施，精准预测未来环境变化带来的风险，做出快速反应。

构建跨源异构数据库是整合非结构化数据的关键步骤。这一数据库的建设要求整合不同来源、不同格式的数据，使之能够相互关联和兼容。在此过程中，数据清洗、数据转换、数据融合等技术尤为重要。通过对这些数据进行结构化处理和智能化分析，可以将不同来源的数据进行有效对接，为企业提供精准的决策支持。例如，结合企业的 ESG 报告与政府的环境监测数据，企业能够更好地识别潜在的环保风险，调整其环境治理策略。

通过这一整合过程，企业不仅能在数字化转型中提高其环境表现，还能加强对社会和治理层面的管理。例如，非结构化数据的整合可以帮助企业精准识别社会舆情波动、劳工权益问题等，进一步优化其社会责任实践。同时，结合这些数据，企业可以提高其治理透明度，增强利益相关者的信任度，进而实现可持续的商业发展。

二、多层次分析方法

双重差分模型（DID）能够有效剖析政策或事件对企业价值的影响。通过将实施区块链ESG溯源的企业作为实验组，传统企业作为对照组，可以揭示数字化工具，尤其是区块链技术如何通过提高ESG透明度、降低交易成本、增强供应链可追溯性等因素，提高企业的市场价值。在特定观测期内，企业在实施区块链溯源后，其ESG表现与企业价值的关系将得到精准量化，从而验证数字化技术是否对企业的盈利能力、股价波动及风险管理等方面产生了显著影响。这一分析框架将为进一步推动数字化技术在企业ESG治理中的应用提供数据支持，也能够帮助政策制定者理解数字化转型在促进可持续发展中的关键作用。

社会网络分析（SNA）为分析企业内部和外部各个因素之间的相互关系提供了有效工具。在ESG实践中，通过Gephi等软件构建"数字技术—ESG要素—企业价值"关联网络，能够清晰地识别出各个因素之间的互动作用。例如，数字技术对治理评级的传导机制中，数据安全投入可能是一个关键节点，其在整体网络中的权重可以高达0.73。这一结果揭示了数据安全和隐私保护对企业治理结构的影响，以及它如何通过增强公众信任，进一步推动企业在环境、社会责任等领域的表现提升。通过社会网络分析，能够有效地识别出企业在数字化转型过程中需要优先关注的环节和要素，从而为企业决策提供系统化、结构化的分析框架。

跨案例比较研究则提供了对不同行业间数字化转型和ESG绩效提高的深刻对比。通过选取特斯拉与传统车企、蚂蚁集团与传统金融机构等典型企业进行横向对比，研究者能够深入探讨数字化成熟度对企业ESG成绩提高的影响差异。以IDC DX指数为标准，评估各企业在数字化成熟度上的表现，同时，观察这些企业在数字化转型后，ESG评级的变化情况。通过对比，能够揭示出不同企业在数字化转型过程中所采用的策略差异，以及它们在实现可持续发展方面的不同路径。这种对比研究不仅为企业提供了多样化的数字化转型参考，还能够帮助其发现数字化技术应用中可能存在的局限性，从而优化未来的数字化路径。

整体而言，结合DID模型、社会网络分析和跨案例比较研究的方法，可以全方位、深层次地揭示数字化工具在提升企业ESG表现方面的效果及其机制。这些方法为研究企业如何通过数字技术提高ESG评分、增强企业价值提供了强有力的支持，并为政策制定者提供了实证依据，推动数字化转型在促进可持续发展中的应用。

三、理论验证框架

（一）利益相关者理论的操作化

利益相关者理论的操作化是通过构建量化模型来研究企业在满足不同利益相关者需求时，如何影响其市场价值和长期竞争力。在这个框架下，企业价值通常通过托宾Q比率（Tobin's Q）来衡量，托宾Q比率作为企业市场价值与其资产替代成本的比率，是衡量企业长期价值的一项重要指标。此模型的因变量即为企业的市场价值，反映企业在资本市场中的相对估值。

在此模型中，数字技术渗透率（DTP）作为自变量之一，能够量化企业在数字化转型中的进展和技术应用的深度。数字技术渗透率反映了企业在数字化时代中，利用信息技术、自动化工具、人工智能等技术优化其运营、供应链和生产等环节的程度。随着数字技术的深入应用，企业通常能够提高运营效率、减少成本、增强透明度，从而提高其在市场中的竞争优势，这一过程中也可能带来更多利益相关者的支持，进而影响企业的整体价值。

ESG评级（如MSCI评分）作为另一个自变量，反映了企业在环境、社会和治理方面的表现。企业在这一领域的评分直接影响其声誉、公众认知以及资本市场的反应。随着全球投资者对可持续性要求的增加，高ESG评分的企业通常能够吸引更多长期资本，降低资本成本，提高品牌价值。高ESG评分往往意味着企业能够更好地应对社会责任、环境影响和治理结构方面的问题，从而减少风险，提高未来的盈利能力和增加股东回报。

利益相关者参与度（如消费者ESG关注指数）则是模型中的另一个关键自变量。随着消费者对企业社会责任和环境责任的关注度提升，利益相关者（包括消费者、员工、供应商等）对企业决策的影响力日益增大。消费者尤其是年青一代越来越倾向于支持那些表现良好的可持续企业，关注企业的社会责任和环保表现，这种趋势对企业的市场竞争力和价值产生了直接影响。因此，利益相关者的参与度，尤其是消费者的ESG关注度，能够在很大程度上调节数字技术渗透率和ESG评级对企业价值的影响。

这些变量纳入量化模型，可以研究数字化技术、ESG表现与利益相关者参与度如何交互作用，并共同决定企业的市场表现。在此基础上，可以进一步探索调节效应，即利益相关者的关注度和参与度是否增强了数字技术的应用和ESG绩效对企业价值的影响。这一模型不仅为学术研究提供了新的思路，还能为企业管理层提供决策依据，帮助他们在数字化转型的过程中合理配置资源，优化ESG实践，以实现市场价值的最大化。

（二）动态能力理论的嵌入

动态能力理论强调企业在不断变化的环境中通过灵活适应与资源重新配置来维持竞争优势，特别是在面对外部市场变化、技术革新和战略调整时的应变能力。在数字化时代，企业的"数字敏捷性"成为提高动态能力的重要组成部分。为了更好地理解这一理论如何在实践中发挥作用，可以设计一个"数字敏捷性"指标，该指标不仅衡量企业在数字化转型中的反应速度，还能够分析其在快速变化的商业和环境条件下，如何通过技术创新与资源配置来有效响应市场需求和外部压力。

具体而言，设计的"数字敏捷性"指标可以包括多个维度，其中核心的子项包括数据采集速度、算法迭代周期、实时数据处理能力、系统更新频率、自动化水平、信息共享效率、技术整合能力以及跨部门协作效率等。这些子项通过定量化的方式反映企业在应对快速变化的数字经济环境时，如何高效地进行决策与资源配置。例如，数据采集速度的提高使得企业能够快速地捕捉市场动态和环境变化，进而及时做出决策。而算法迭代周期的缩短则能够加快企业在技术创新上的步伐，使其更灵活地调整产品或服务，以应对新的市场需求或法规要求。

在“数字敏捷性”框架下，企业的ESG响应能力也可以得到显著提高。尤其是在环境管理方面，企业通过增强数字敏捷性可以提高其应对突发环境事件（如自然灾害、污染事故等）的处理时效。例如，在发生环境事故时，具备高数字敏捷性的企业能够迅速调动各类资源，利用大数据、云计算和人工智能等技术，实时监控和评估事故影响，快速作出响应与修复方案，降低事故损失，保护企业声誉和社会责任形象。

数字敏捷性对ESG响应能力的赋能机制还体现在技术与信息流通的高度整合上。通过实时获取供应链、生产过程等各环节的实时数据，企业能够快速识别潜在的ESG风险并进行预警。例如，若某一生产线的排放超过标准，通过数字系统的敏捷性监测，能够及时进行调整，减少企业的环保罚款风险。而在社会责任层面，数字敏捷性也有助于企业通过实时数据反馈快速优化员工福利、消费者权益保护等措施，及时回应利益相关者的关切，提升企业的社会形象和品牌忠诚度。

第二节　案例范围

一、行业分布

（一）高数字化渗透行业

高数字化渗透行业是数字经济中各行业推动可持续发展的核心力量，这些行业通过利用先进的数字技术实现环境、社会及治理（ESG）目标的高效管理。科技行业无疑是这一趋势中的佼佼者，微软作为数字化转型的先行者，通过其Teams平台不仅提高了全球远程办公的效率，还减少了大量商务差旅所带来的碳排放。通过减少物理出差，微软在降低企业运营成本的同时，也为全球气候行动作出了贡献。与此同时，特斯拉作为绿色科技的代表，深度融合数字孪生技术与环境管理，运用虚拟仿真技术优化其生产过程，尤其在电池制造与回收方面，通过数字化手段精准计算碳足迹，进一步减少了产品生命周期的环境影响。

制造业也在这一进程中扮演着至关重要的角色。中国宝钢通过引入5G与物联网技术，建立了一个实时监控的环保监测系统，确保生产过程中废气、废水等污染物排放符合环保标准，并能够快速地响应突发环境事件。这一技术的运用不仅提高了企业的环境管理能力，还极大地减少了环保罚款，增强了企业的社会责任感。而施耐德电气则将AI能效管理技术应用于全球数据中心和制造工厂，通过机器学习和大数据分析，精确调节能源使用，优化能源分配和减少不必要的能耗。这一过程不仅提高了企业的能源利用效率，还帮助企业大幅减少了碳排放，推动了可持续发展的战略目标。

这些高数字化渗透的行业表明，随着数字技术的不断进步，越来越多的企业能够通过数字化转型在环境保护、社会责任和治理结构方面做出实际成效，进而增强自身在全球市场中的竞争力。这种数字化工具与ESG目标的深度融合，不仅有助于企业降低运营成本，还能够提高企业的市场信誉，进而吸引更多的投资者和消费者，推动企业的长期可持续发展。在这些数字化技术的推动下，企业不仅提高了自己的ESG表现，也为其他行业提供了可供借鉴的成功经验，推动全球范围内绿色转型的深入发展。

（二）传统行业转型代表

传统行业在数字化转型的过程中，越来越多的企业通过引入先进的数字技术来提升其在环境、社会和治理（ESG）方面的表现，这种转型不仅促进了企业的可持续发展，也为行业树立了标杆。金融业作为服务业的重要组成部分，正积极推动与可持续发展相关的数字化进程。高盛通过AI技术精准评估投资项目的环境风险，这使其能够在投资决策中避开潜在的环境风险较高的企业或项目，提高了其投资组合的ESG表现，同时有效减少了负面事件的财务损失。高盛利用AI大数据分析环境变化趋势、市场动态及法规要求，从而帮助其客户做出更为明智的投资决策，进一步巩固了其在金融市场中的可持续发展领导地位。

此外，香港金融管理局推出的“绿色债券通平台”是金融行业在数字化转型方面的重要举措。这一平台旨在为全球投资者提供更加便捷的绿色债券投资渠道，通过数字化手段提高绿色债券的透明度和流动性，并帮助金融市场更加高效地支持可持续发展项目。绿色债券通的推出不仅降低了绿色债券的发行成本，还推动了全球资本市场对绿色投资的热情，为企业和投资者提供了更多环保领域的投资机会。通过这一平台，香港金融管理局不仅提升了香港在全球绿色金融市场的竞争力，也推动了绿色金融的数字化进程。

在零售行业，亚马逊也通过引入AI技术优化其绿色供应链管理。亚马逊应用机器学习与大数据分析技术，实时监控和优化其全球供应链的能效与碳排放，推动了供应链中的绿色采购和节能降耗。通过AI技术，亚马逊能够精准预测需求，优化运输路径，从而降低运输中的碳排放，并且提高仓储和配送中心的能源使用效率。这一转型不仅提高了亚马逊在可持续发展领域的竞争力，也为全球零售行业提供了数字化绿色供应链管理的成功经验。

联合利华在消费品行业中也积极推动数字化转型，通过消费数据驱动其产品创新，并将可持续发展作为其核心战略之一。通过对全球消费者数据的深度分析，联合利华能够精准识别消费者对于环保和绿色产品的需求趋势，从而在产品研发和营销策略上做出及时调整。联合利华通过数字化手段提高了其产品的绿色标签和环保认证，进一步增强了品牌的市场吸引力和忠诚度。通过数据驱动的创新，联合利华不仅优化了产品生命周期中的环境影响，还通过更符合市场需求的绿色产品提高了市场份额，实现了企业与环境、消费者之间的双赢。

（三）ESG 敏感型行业

在 ESG 敏感型行业中，能源业和新能源产业由于其业务模式和环境影响的特殊性，一直是数字化转型和可持续发展压力的主要承载者。BP 作为全球领先的能源公司，近年来深刻意识到在推动低碳转型过程中，如何有效监控与管理环境风险显得尤为重要。为此，BP 投入巨资建设智能监测网，采用物联网（IoT）和大数据分析技术，实现对石油和天然气开采、运输和储存过程中的环境风险的实时监控。这一系统可以实时收集与分析从油田到终端用户的各项数据，提前识别潜在的环境问题，如泄漏、污染等，及时预警并采取应急措施，最大限度地减少对生态环境的负面影响。通过这一数字化技术，BP 不仅增强了其在环境治理方面的透明度，也提高了企业在绿色投资者中的吸引力，进一步加强了其作为“绿色能源公司”形象的塑造。

宁德时代作为全球领先的动力电池制造商，也在 ESG 表现中做出了显著的数字化转型。该公司通过使用增强现实（AR）技术在其营销中进行创新，提升了消费者对其品牌和 ESG 表现的认知。通过 AR 技术，宁德时代能够生动地展示其电池产品的环保优势，包括回收利用率、电池寿命、低碳生产等，这种互动式的展示方式让消费者对企业的环保承诺和实际行动有了更直观的了解。这种创新的营销方式不仅加深了品牌在消费者心中的绿色印象，也促使了更多消费者选择其绿色产品，推动了其市场份额的提高。与此同时，AR 技术在展示 ESG 成就时还能通过数据可视化增强信息的透明度，增强消费者和投资者的信任，进一步巩固了其在新能源行业中的领导地位。

这些 ESG 敏感型行业的案例表明，数字化工具不仅帮助企业优化运营、提高效率，还能更好地与可持续发展目标对接，增强品牌形象和消费者信任。无论是能源行业的智能监测网，还是新能源行业通过 AR 技术塑造品牌 ESG 认知，都在展示如何通过创新的数字化应用推动企业在环境、社会和治理方面的卓越表现，同时帮助企业在竞争中获得更大的市场优势。

二、地域覆盖

（一）发达国家案例

西门子作为全球领先的工程技术公司，其“智慧社区”项目通过数字化协作平台，打破了传统城市管理中的信息孤岛，实现了市民、企业和政府之间的高效协同。该平台运用了物联网（IoT）、大数据分析和云计算等技术，实时监控社区内的能源消耗、废物处理、交通流量等关键领域。通过这些实时数据，西门子帮助城市优化资源配置，减少能源浪费，提高环境质量。这种数字化管理模式不仅推动了可持续城市建设，也大大增强了社区居民对环保问题的关注度与参与度，提升了企业的社会责任感和品牌形象。

在北美地区，苹果公司通过开放数据平台在环境风险管理中发挥了重要作用。苹果利用政府及第三方数据源，开放自己的环境数据和供应链数据，为企业和消费者提供了更加精准的环境风险评估工具。例如，苹果公司通过分析不同地区的空气质量、环境污染、自然灾害等数据，提前调整生产和供应链布局，避免选择高风险区域进行投资或扩张。这种数据驱动的决策方式使苹果公司在减少环境风险的同时，也进一步提高了自身在全球可持续发展领域的声誉。

沃尔玛作为全球最大的零售商之一，通过区块链技术优化了食品供应链中的废弃物管理。该公司利用区块链对供应链中每一环节进行追踪，减少了食品在运输和存储过程中因信息不对称造成的浪费。通过精确的数据追踪，沃尔玛能够更好地监控食品的过期时间、库存流转情况，从而减少浪费并提高资源利用效率。此外，沃尔玛的区块链系统还帮助其合作伙伴和供应商优化了生产和配送流程，实现了绿色供应链的提升。这一数字化工具不仅帮助沃尔玛实现了成本的节约，还提升了其在消费者心中的绿色形象，进一步推动了绿色消费的浪潮。

（二）新兴市场案例

在新兴市场中，数字化工具同样在推动 ESG 战略的实施中发挥了重要作用，尤其是在亚洲和拉美地区，企业利用创新技术不仅实现了可持续发展目标，还促进了社会价值的增长。

在亚洲，阿里巴巴的“乡村振兴数字平台”是一个典型的例子。该平台通过整合电子商务、云计算、大数据等技术，帮助偏远地区的中小农户提高数字化水平，连接更广泛的市场。阿里巴巴不仅提供线上销售渠道，还为农民提供数字化培训、农业技术支持以及供应链优化服务。这一平台在提高农民收入、推动农业现代化的同时，也促进了农村经济的可持续发展。通过这种方式，阿里巴巴不仅帮助农民实现了经济独立，还带动了整个社会对低碳、绿色农业的关注和支持，进一步强化了其企业的社会责任形象。

在东南亚，Grab 的超级 App 赋能包容性增长也是一个显著案例。Grab 通过数字平台将交通、食品配送、金融服务等多个业务集成在一个应用中，为地区内的 200 多万司机、商户及消费者提供服务。Grab 不仅提高了当地经济的数字化水平，还通过提供数字技能培训，帮助司机和小商户提高工作效率和收入。此外，Grab 的金融服务也为无银行账户的用户提供了贷款、支付等基本金融服务，进一步推动了金融包容性和社会平等。这一系列的数字化创新使 Grab 在东南亚地区的社会价值和品牌影响力不断提高，也为东南亚地区内的社会可持续发展作出了贡献。

在拉美，巴西淡水河谷（Vale）通过无人机技术进行森林恢复监测，展示了数字化在环保领域的潜力。作为全球领先的矿业公司，淡水河谷在矿产资源开采过程中面临着巨大的环境压力。为了减少采矿对生态环境的影响，巴西淡水河谷利用无人机对其矿区周边的森林进行监测，并借助高精度的图像和数据分析技术，实时评估植被恢复情况和生态环境的变化。这项技术不仅提高了其环境监测的精度和效率，还通过实时反馈机制让企业能够更加灵活地应对环保要求。这一做法不仅帮助淡水河谷在全球范围内树立了绿色矿业的典范，还展示了如何通过数字化手段实现大规模的环境恢复和可持续管理。

这些新兴市场的案例表明，在全球化日益加深的背景下，数字化工具成了推动 ESG 目标实现的关键力量。无论是在促进社会包容性、提高绿色创新能力，还是在推动环境保护方面，数字技术都为企业提供了可操作的解决方案，帮助它们在快速发展的市场中保持可持续竞争力。

三、时间跨度

（一）纵向对比组

在纵向对比研究中，长期追踪和突发事件研究提供了深入理解企业在不同情境下 ESG 表现的机会，尤其是在数字化转型和危机管理方面。

星巴克作为全球领先的咖啡品牌，在 ESG 实践中的持续创新尤为突出。自 2020 年起，星巴克通过区块链技术实现了供应链的透明化，特别是在咖啡豆的来源追踪方面。区块链溯源系统允许消费者查看从农场到咖啡杯的全过程，确保咖啡生产符合可持续发展标准。通过这种方式，星巴克不仅增强了消费者对品牌的信任，还提高了其在全球市场中的可持续形象。这一措施帮助星巴克成功地将其 ESG 评级从 2020 年的 BBB 提高至 2023 年的 AA，显示出星巴克在环境责任、社会贡献和治理透明度方面的持续进步。通过数字技术的支持，星巴克展示了如何通过技术赋能提升供应链透明度，并取得长期的品牌价值增长。

与此相对的是 Meta（前身为 Facebook）的案例，突发事件的研究则凸显了数字化治理和数据保护在 ESG 评分中的关键作用。Meta 在 2022 年因数据泄露事件而面临巨大的品牌和信任危机，导致其 ESG 评级和声誉遭遇严重打击。在该事件中，Meta 的数据隐私漏洞引发了全球范围内的监管审查和公众舆论压力，这不仅影响了用户数量增长，还导致其 ESG 指数在 2022 年被标普全球除名。此事件凸显了数字化时代，社交平台在处理用户数据方面的复杂责任，同时也暴露了企业在数据安全和隐私保护方面的治理缺陷。这一突发事件为 Meta 带来了直接的财务损失和品牌声誉的严重损害，同时也反映了企业在应对突发危机时ESG风险管理的重要性。

通过纵向对比这两种不同情境下的企业案例可以看出，数字化工具和技术对企业ESG表现的影响深远，且在长期的正向推动与突发危机中的治理能力之间存在显著差异。星巴克通过数字化提高了供应链透明度，并不断强化其可持续发展战略，取得了持续的正向回报，而Meta则因未能有效保护用户数据，导致其在ESG评估中的严重损失。这些案例为理解数字化如何影响企业长期与短期的ESG表现提供了有力的实证支持。

（二）横向截面组

在横向截面研究中，2023年度数字化先锋企业的案例展示了数字化技术如何在不同的行业中推动ESG表现和企业价值的提升。巴塔哥尼亚（Patagonia）和宁德时代的案例具有鲜明的代表性，展示了数字化工具在增强ESG叙事和扩大品牌影响力方面的作用。

巴塔哥尼亚作为一个倡导可持续发展和环保的户外品牌，一直以来都将ESG原则融入其核心战略。2023年，巴塔哥尼亚通过增强现实（AR）和虚拟现实（VR）技术，创新性地展示了品牌在可持续生产、再生材料使用和环保实践方面的努力。通过AR/VR技术，巴塔哥尼亚能够让消费者虚拟体验其生产过程中的环保举措，如再生棉种植、供应链的碳排放管理等，进而增强消费者对品牌的认同感和忠诚度。这种创新的ESG叙事方式不仅加强了品牌的绿色形象，还提高了消费者的参与度，进一步推动了品牌溢价和市场占有率的提高。巴塔哥尼亚的成功表明，通过先进的数字技术，企业能够更生动、直观地向公众传递其ESG努力，并激发消费者对可持续产品的需求。

在新能源领域，宁德时代也充分利用数字化工具，推动其ESG战略的发展。2023年，宁德时代借助社交媒体平台的强大传播力，进行了一系列关于环保和绿色能源的宣传活动。通过与消费者和投资者的互动，宁德时代不仅在全球范围内推广了其在电池回收、碳排放控制和可再生能源等方面的技术进展，还成功地将其环保措施转化为品牌认知和市场价值。这些社交媒体活动使宁德时代在短时间内接触到大量潜在客户和投资者，提高了其在新能源行业中的领导地位，并进一步加深了市场对其ESG表现的认同。

以上两个案例都表明，数字化工具不仅在内部优化企业运营流程方面具有优势，还能在外部传播企业的ESG努力和成果，增加品牌曝光度和市场竞争力。无论是通过创新的AR/VR叙事还是通过社交媒体传播，数字化技术都为企业提供了全新的方式来展示其社会责任，并与消费者和投资者建立更紧密的联系。通过这种方式，企业能够在全球化和数字化浪潮中更好地履行其可持续发展承诺，进而实现更高的市场价值和长期的品牌成功。

四、案例筛选标准

（一）数据可获得性

在进行企业ESG分析时，数据可获得性是一个关键因素，尤其是在研究数字化转型如何影响企业 ESG 表现和财务表现的过程中。为了确保数据的准确性和可比性，企业需要连续发布至少三年的 ESG 报告，且这些报告应当详细披露相关的数字化投入和技术升级细节。通过这样的做法，研究者能够分析并量化数字化投资对 ESG 目标的贡献，进而揭示其在提高企业社会责任和环境绩效方面的潜力。

以腾讯为例，其 2022 年发布的 ESG 报告中详细列出了数字化技术在其可持续发展战略中的投入情况，具体表现在隐私计算技术的研发与应用上。在报告中，腾讯列支了 23 亿元用于隐私计算技术的研究和落地。隐私计算技术作为一种保护个人隐私数据的数字工具，不仅能够符合日益严格的数据隐私法规，也在提高企业透明度和治理结构方面起到了关键作用。这种信息的披露能够帮助外部利益相关者（如投资者、消费者和政府机构）准确评估腾讯在数据安全和隐私保护方面的努力，进而提高了对其 ESG 表现的信任度。

持续且透明的数字化投入披露，能够使企业在 ESG 领域建立更强的声誉资本。例如，长期稳定的数字化投入可以反映出企业在技术创新上的持续承诺，也能让各方对企业如何应对环境、社会和治理（ESG）挑战有更清晰的了解。对于投资者而言，了解企业在数字化转型方面的具体投入，是判断其未来增长潜力和可持续发展的重要依据。同时，这也使得 ESG 评价机构能够更准确地评估企业在技术创新与社会责任间的平衡，提供更为精准的 ESG 评分。

数字化投入的披露不仅是企业在满足合规要求的基础上展现其责任心和透明度，更是吸引资本、提高品牌价值以及增强市场竞争力的重要手段。企业能够通过公开透明的数字化投入数据，展示其在应对全球数字化转型浪潮中的领导力，并通过实际行动推动可持续发展的目标。

（二）变革显著性

在 ESG 评价体系中，变革显著性是衡量企业在 ESG 领域取得突破性进展的一个重要标准。特别是当企业通过持续的努力在短期内实现 ESG 评级的显著提高，或通过创新的数字化技术引发治理模式的根本性变革时，这种变革显著性就显得尤为重要。这不仅反映了企业的责任意识和行动能力，还可能对其长远的市场表现和品牌形象产生深远影响。

以星巴克为例，公司的 ESG 评级在过去两年内跃升了两级，这一变化并非偶然，而是源自其在环境保护、社会责任以及治理结构方面的持续努力。星巴克在环境维度上推动了多个绿色项目，如减少能源消耗、增加可再生能源的使用，以及确保其咖啡供应链的可持续性。这些努力使公司在短时间内获得了评级机构的高度认可，从而提高了其整体的 ESG 表现。这种变革不仅提高了星巴克在投资者和消费者眼中的声誉，也为其未来的可持续发展奠定了更加坚实的基础。

此外，数字化技术的引入也对 ESG 治理模式产生了深远的影响。例如，波音在其供应链中应用 DAO（去中心化自治组织）模式，这种创新的治理结构改变了传统企业对供应链的管理方式。通过DAO模式，波音能够更加透明和高效地管理供应商关系，并确保环保标准在整个供应链中的严格执行。这一创新不仅提高了波音的治理水平，还增强了其在环境保护和社会责任方面的承诺，进一步推动了其ESG评级的提高。DAO模式通过去中心化的管理和智能合约的应用，不仅优化了供应链的治理结构，还减少了潜在的环境风险和治理失误，展现了数字化技术在推动企业ESG目标方面的巨大潜力。

这些企业的变革性举措，展示了如何通过数字化技术的应用在短时间内实现显著的ESG表现改进，不仅带动了企业评级的提高，还推动了治理范式的创新。无论是通过ESG评级的跃升，还是通过数字化技术的引领，企业在短期内的突飞猛进都能够显著提升其在市场中的竞争力和社会影响力。因此，这种变革显著性的识别，对于研究企业在数字经济时代如何通过技术创新推动可持续发展具有重要的现实意义。

（三）行业影响力

在企业评估中，行业影响力是一个重要的标准，特别是当企业在其所在行业中占据较高的市值位置，并且被多个权威机构认定为ESG实践标杆时，意味着这些企业不仅在财务表现上处于行业领先地位，更是在可持续发展和社会责任方面作出了重要贡献。

例如，市值排名前30%的企业通常拥有强大的市场影响力和资源调动能力，能够通过其影响力推动行业内的ESG议题发展。当这样的企业获得诸如CDP（碳披露项目）、SASB（可持续会计标准委员会）等国际权威机构的认可时，意味着它们的ESG实践不仅得到了全球资本市场的关注和认可，还在全球范围内树立了可持续发展的行业标准。

以特斯拉为例，作为全球市值排名靠前的企业之一，它在环保、能源转型和社会责任方面的举措深刻地影响了汽车行业。特斯拉通过推行零排放的电动汽车战略，减少了全球交通领域的碳排放，并在能源领域创新了可再生能源的商业模式。由于其在可持续发展方面的突出贡献，特斯拉不仅在行业中树立了“绿色科技”的标杆，还被包括CDP等在内的多个权威机构列为ESG实践的领先者。

再如，联合利华作为快消品行业的领导者，始终将可持续发展融入其核心业务战略。联合利华在产品的环保设计、供应链的透明化和员工福利等方面实施了多项创新措施，成功地吸引了大量消费者和投资者的关注。联合利华的ESG实践得到了SASB和CDP等机构的高度认可，成为全球企业在社会责任方面的标杆。联合利华的成功不仅为行业内其他公司提供了可借鉴的ESG实践案例，还推动了整个快消品行业的可持续发展。

通过行业影响力，市值排名靠前且在多个权威机构中被认定为标杆的企业，能够发挥其影响力，推动整个行业向更高的可持续发展标准迈进。这些企业不仅在商业模式上展现了前瞻性思维，也在社会责任、环保、治理等方面成为行业规范和趋势的引领者。因此，行业影响力不仅是衡量企业ESG实践成效的一个重要维度，更是企业如何通过自身的市场地位和资源优势，带动整个行业朝着更绿色、更可持续的方向发展的关键要素。

第四章　数字经济背景下的 ESG 表现分析

第一节　数字经济对 ESG 表现的影响

一、数字经济重构企业运营环境的三大维度

（一）技术驱动维度

在数字经济深度渗透现代商业环境的进程中，技术创新已成为企业优化生产流程、履行社会责任的核心驱动力。底层技术的迭代突破、数据要素的深度应用以及平台经济的模式创新，正从不同维度重塑企业的运营逻辑与价值创造路径，进而深刻影响企业的 ESG 表现。这些变革不仅推动企业实现绿色转型与社会责任担当，还为企业在数字时代构建可持续竞争优势提供了新的可能。

1. *底层技术突破重塑企业生产流程与环境绩效*

以 5G、人工智能（AI）和区块链为代表的前沿技术，正以颠覆性的力量重构企业生产体系，推动生产流程向智能化、绿色化方向转型。从技术原理层面来看，5G 技术凭借其高速率、低时延和广连接的特性，为设备之间的实时通信与数据交互提供了坚实基础；AI 技术则通过机器学习算法对海量生产数据进行深度分析，实现生产决策的自动化与精准化；而区块链技术的分布式账本与加密机制，保障了生产数据的真实性与可追溯性。三者的协同应用，使企业能够对生产全流程进行精细化管控。

在智能制造领域，技术融合的价值得到充分彰显。智能控制系统通过传感器实时采集设备运行数据，并借助 AI 算法进行动态分析，自动调整设备运行参数，实现能源的按需供给。这种智能调控模式有效避免了传统生产中因设备空转、能源浪费导致的高能耗问题。根据“工业 4.0”相关研究显示，引入智能生产系统的企业，其能源使用效率提升 25%～35%，碳排放强度显著降低。从环境经济学视角分析，这种技术驱动的生产优化不

仅符合“波特假说”中技术创新与环境改善的协同关系，还为企业在应对气候变化、履行环境责任方面提供了技术支撑。

此外，技术突破还推动企业在供应链管理环节实现绿色化升级。区块链技术的应用使供应链各环节的碳排放数据实现可信上链，形成完整的碳足迹追溯体系；AI 技术则通过对供应链数据的分析，优化物流路径与库存管理，减少运输过程中的能源消耗。这种全链条的技术赋能，使企业能够系统性地降低生产活动对环境的负面影响，助力全球碳中和目标的实现。

2. 数据要素驱动环境管理决策的科学化与精准化

随着数字经济的发展，数据已跃升为与土地、资本、劳动力并列的关键生产要素，其在企业环境管理决策中的应用价值日益凸显。企业通过多源数据采集技术，整合生产运营数据、用户行为数据、环境监测数据等信息，构建起庞大的数据库。借助大数据分析、数据挖掘等技术手段，企业能够深入洞察生产活动与环境影响之间的内在关联，为环境管理决策提供科学依据。

在环境资源配置方面，数据驱动的决策模式展现出显著优势。企业通过分析用户需求数据，能够精准预测市场需求变化，避免因过度生产导致的资源浪费；同时，结合环境承载力数据，合理规划产能布局，实现生产活动与生态环境的协调发展。例如，通过对能源消耗数据的聚类分析，企业可以识别高耗能环节，并针对性地制定节能改造方案；利用地理信息系统（GIS）与碳排放数据的融合分析，优化厂区布局，减少运输过程中的碳排放。

从环境管理理论来看，数据要素的应用推动企业从被动应对环境问题转向主动预防。企业通过建立环境风险预警模型，利用历史数据与实时监测数据预测潜在环境风险，并提前采取应对措施。这种数据驱动的环境管理模式，不仅提高了企业的环境管理效率，还增强了企业应对环境不确定性的能力，推动企业在可持续发展道路上稳步前行。

3. 平台经济模式创新拓展企业社会责任履行边界

平台经济的兴起打破了传统商业模式的限制，催生出双边市场等新型经济形态，同时也对企业社会责任的内涵与外延提出了新的要求。在平台经济模式下，平台企业作为连接供需双方的枢纽，其社会责任履行不仅关系到自身的可持续发展，还影响整个平台生态系统的稳定与繁荣。

从劳动关系重构的角度来看，平台经济创造了大量新型就业形态，如网约车司机、外卖骑手等。这些灵活就业群体的权益保障问题，成为平台企业社会责任履行的重要内容。平台企业通过构建多元化的权益保障体系，包括完善薪酬激励机制、建立职业培训体系、优化劳动保护措施等，切实保障劳动者的合法权益。这种社会责任实践不仅有助于提升平台的社会公信力，还能增强平台对从业者的吸引力，促进平台生态的健康发展。

在社会价值创造方面，平台企业利用自身的技术优势与资源整合能力，积极参与社会公益事业。例如，通过大数据分析精准识别社会需求，开展公益项目；利用平台流量优势，传播环保理念、倡导绿色消费。这种将商业价值与社会价值有机结合的实践，使平台企业成为推动社会进步的重要力量。从利益相关者理论视角分析，平台企业通过拓展社会责任履行边界，能够更好地平衡各方利益关系，增强利益相关者的认同感与忠诚度，为企业创造长期价值奠定基础。

4. 技术驱动与企业 ESG 发展的协同机制与未来展望

底层技术突破、数据要素应用与平台经济创新三者相互关联、协同作用，共同构成企业 ESG 发展的新动能。技术创新为企业 ESG 实践提供了工具与方法，数据要素为 ESG 决策提供了依据与支撑，平台经济则为 ESG 理念的落地提供了场景与载体。这种协同效应不仅提升了企业的 ESG 表现，更为企业创造了新的价值增长点。

从企业价值创造的角度来看，良好的 ESG 表现能够帮助企业降低运营风险、提升品牌形象、吸引优质资源，进而转化为企业的竞争优势。研究表明，在资本市场，ESG 表现优异的企业往往具有更高的估值溢价与更低的融资成本；在消费市场，消费者更倾向于选择具有社会责任感的企业产品。这种市场反馈机制激励企业持续加大在 ESG 领域的投入，形成技术创新、ESG 实践与企业价值提升的良性循环。

展望未来，随着数字技术的持续创新与应用深化，企业在 ESG 领域的实践将呈现更加多元化、智能化的发展趋势。人工智能、物联网等技术将进一步推动生产流程的绿色化与智能化；大数据与云计算技术将助力企业实现更精准的环境管理决策；区块链技术将为企业社会责任履行提供更透明、可信的保障机制。在这一过程中，企业需要不断适应技术变革带来的挑战，积极探索 ESG 发展的新模式、新路径，在实现自身可持续发展的同时，为全球经济的绿色转型与社会进步贡献力量。

（二）市场规则维度

在数字经济深度渗透的时代语境中，技术革新与市场规则重构正形成协同演化的动态格局，深刻重塑企业 ESG 治理的底层逻辑。这种变革既体现在数据要素引发的竞争范式迁移，也反映在消费者权力结构的范式转换，更彰显于监管科技驱动的合规体系升级，三者共同构成数字经济下 ESG 治理创新的核心维度。

1. 市场规则维度的竞争范式革新

数字技术的指数级发展正推动市场竞争逻辑从传统要素驱动向数据要素驱动跃迁，由此引发的数据垄断与反垄断博弈已成为企业治理结构变革的核心变量。作为数字经济时代的新型生产要素，数据的非竞争性特征使其具备天然的规模经济属性，大平台企业通过用户数据的累积效应形成“数据－网络效应－市场势力”的闭环生态，这种数据垄断格局不仅改变了产业组织形态，更对传统公司治理框架提出挑战。从制度经济学视角看，数据垄断本质上是对数字经济时代稀缺性资源配置权的争夺，当企业掌握海量用户行为数据时，其在市场交易中的信息优势会转化为治理结构中的决策主导权，进而影响利益相关者的权益分配。

反垄断压力与治理透明化的双重驱动，正在重塑平台企业的治理逻辑。随着全球范围内数字经济反垄断立法的完善（如欧盟《数字市场法》），传统“赢者通吃”的竞争逻辑逐渐让位于包容性治理框架。企业需要在数据控制权与社会责任之间建立新的平衡机制，这种平衡既表现为技术层面的数据治理架构优化（如数据产权分割、隐私计算应用），也体现为治理层面的决策机制革新（如设立数据伦理委员会、引入外部监督机制）。在 ESG 治理下，数据垄断问题已超越单纯的市场竞争范畴，演变为关乎数字经济可持续发展的社会议题——企业如何通过透明化的数据治理流程，确保数据使用符合环境责任、社会责任与治理责任的三重要求，成为数字时代公司治理的新命题。

从产业组织理论的动态竞争视角分析，数据要素的特殊性使市场竞争呈现“单边垄断与多边共治”的复杂态势。一方面，企业基于数据优势形成的市场支配地位可能抑制创新能力；另一方面，数据的共享属性又要求建立跨主体的协同治理机制。这种矛盾推动企业治理结构向“分布式治理”转型，通过区块链技术实现数据权属的可信存证，借助智能合约规范数据使用的权责边界，最终在技术架构与制度设计的双重保障下，构建兼顾效率与公平的 ESG 治理新格局。

2. 消费者赋权升级与 ESG 舆情生态重构

数字技术的赋权效应正在重塑消费者与企业的权利关系，社交媒体构建的网状传播结构使 ESG 事件的舆情放大效应呈现几何级数增长。这种变化源于传播学中的“涟漪效应”——当企业 ESG 表现出现偏差时，社交媒体平台的裂变式传播会迅速将局部事件转化为公共议题，形成“舆情—声誉—价值”的传导链条。从信号传递理论来看，消费者对 ESG 信息的敏感性提升，使得企业的非财务表现成为市场估值的重要信号，这种信号效应在数字时代通过社交媒体的加持，形成对企业治理的外部压力机制。

消费者主权的数字化转型，要求企业 ESG 治理从被动响应转向主动建构。传统消费模式中，消费者对企业 ESG 行为的感知存在信息滞后与认知偏差，而数字技术赋予消费者实时监督与集体行动的能力。例如，通过区块链溯源技术，消费者可追踪产品全生命周期的环境影响；借助社交媒体平台，消费者能形成跨地域的 ESG 诉求联盟。这种变化迫使企业重新定义 ESG 治理的内涵——不再局限于内部政策制定，而是延伸至与消费者的持续对话机制建设，包括建立 ESG 信息实时交互平台、完善消费者反馈的快速响应通道等。

数字时代的消费者赋权还催生了“参与式治理”新模式，消费者从 ESG 价值的接受者转变为共创者。企业通过搭建数字化参与平台，邀请消费者参与 ESG 目标设定、进展监督与成效评估。这种治理模式的创新不仅能增强消费者对企业 ESG 战略的认同感，还能借助群体智慧优化治理决策。从社会资本理论视角分析，这种参与式治理通过构建企业与消费者的信任网络，积累宝贵的社会资本，而社会资本的提升又能反哺企业价值——表现为品牌忠诚度提高、市场风险抵抗力增强等显性与隐性收益。

3. 监管科技发展与 ESG 合规体系迭代

监管科技的智能化演进正在重构企业 ESG 合规管理的技术基础与制度框架，传统“事后监管”模式逐渐让位于“实时监测—预测预警—智能干预”的全周期治理体系。智能监管系统依托大数据分析、机器学习等技术，能够对企业 ESG 行为进行多维度、动态化监测。这种监测能力的提升源于两方面技术突破：一是数据采集的全面性，通过物联网设备实现环境数据的实时抓取，借助区块链技术确保供应链社会责任数据不可篡改；二是风险识别的智能化，利用机器学习算法对海量 ESG 数据进行模式识别，提前预警潜在合规风险。

不同监管框架下的技术应用差异，反映了全球 ESG 治理的多元化发展路径。以欧盟 DORA 框架为代表的监管实践，强调通过技术标准化提升跨境监管效率，其建立的数字运营风险数据库能够实现企业 ESG 风险的跨区域比对分析；而美国的监管科技应用更侧重市场驱动，通过鼓励金融科技公司开发 ESG 合规工具，形成政府监管与市场自律的互补机制。这种差异要求跨国企业在 ESG 治理中构建技术兼容的合规体系，既要满足不同地区的监管技术标准，又要确保全球 ESG 治理目标的一致性。

监管科技的发展还推动企业 ESG 治理从“合规导向”向“价值导向”转型。传统合规管理侧重满足最低监管要求，而智能监管系统的应用使企业能够将 ESG 合规转化为竞争优势——通过对监管数据的深度挖掘，企业可识别 ESG 领域的创新机会，如从环境监管数据中发现绿色技术研发方向，从社会责任监管指标中洞察消费者需求变化。这种转化机制的形成，得益于监管科技构建的“数据—洞察—行动”闭环：监管数据不仅用于合规审查，还成为企业 ESG 战略制定的重要依据，实现合规成本向价值创造的转化。

4. 技术与规则互动下的 ESG 治理协同演化

数字技术与市场规则的交互作用，正在形成推动企业 ESG 治理创新的复合动力机制。技术突破为市场规则重构提供物质基础——如区块链技术催生 DAO 治理模式，改变传统供应链的权利结构；而市场规则变革又反哺技术应用——如反垄断政策推动数据治理技术的创新。这种协同演化在 ESG 治理中表现为三个层面的动态平衡：技术效率与社会公平的平衡，企业利益与公共利益的平衡，短期合规与长期价值的平衡。

从系统理论视角看，数字经济下的 ESG 治理已演变为包含技术子系统、市场子系统与监管子系统的复杂生态。技术子系统提供治理工具（如智能监测平台），市场子系统形成治理压力（如消费者舆情），监管子系统设定治理规则（如 ESG 披露标准），三者通过数据流动实现协同治理。例如，监管科技生成的合规数据会影响市场对企业的估值，市场反馈又会推动技术升级，最终形成螺旋上升的 ESG 治理演进路径。

这种协同演化的最终目标，是推动全球经济向可持续发展范式转型。当技术创新、市场规则与 ESG 治理形成正向循环时，企业价值创造模式将发生根本变革——从单纯追求经济价值转向综合价值创造，从线性增长模式转向循环发展模式。在这一过程中，数字技术不仅是治理工具，还成为价值载体，通过赋能 ESG 治理创新，推动企业在数字经济时代实现发展质量与可持续性的双重提升。

（三）组织形态维度

在数字经济蓬勃发展的时代背景下，技术革新正以前所未有的速度重塑企业的组织形态，推动运营模式与协作方式发生根本性转变。这种转变不仅深刻影响企业的内部管理与外部合作，还与 ESG 理念形成高度契合，成为企业实现可持续发展的关键驱动力。从虚拟化运营到生态化协作，企业组织形态的演进在多个维度为 ESG 目标的达成提供了创新路径。

1. 虚拟化运营：远程办公模式的环境效益与治理创新

数字化技术的成熟与普及，尤其是云计算、大数据、5G 通信等技术的发展，为企业虚拟化运营奠定了坚实基础。在全球“双碳”目标的引领下，远程办公从疫情期间的应急举措逐渐演变为常态化运营模式，其对环境的积极影响日益凸显。根据环境经济学的外部性理论，传统集中式办公模式下，员工通勤产生的碳排放属于典型的负外部性，而虚拟化运营通过减少通勤里程，有效降低了这种外部成本。

远程办公模式对环境的改善作用体现在多个层面。从能源消耗角度看，减少员工往返办公场所的交通出行，直接降低了燃油消耗与电力消耗。交通碳排放研究数据显示，城市通勤交通碳排放占比通常达到 15%～20%，远程办公可使这部分排放显著下降。同时，企业办公场所的能源需求也因人员减少而降低，包括照明、空调等设施的使用频率下降，进一步减少了能源消耗。此外，办公设备的集中使用与共享，避免了重复采购与闲置浪费，优化了资源配置效率，符合循环经济的发展理念。

在企业治理层面，虚拟化运营推动了管理模式的创新。传统科层制组织架构下，信息传递存在层级壁垒，决策效率受限。而远程办公依托数字化协作平台，打破了空间限制，实现了信息的即时共享与扁平化传递。企业通过引入项目管理软件、视频会议系统等工具，构建起敏捷高效的协同机制，提升了组织的灵活性与响应速度。这种治理模式的变革，不仅提高了企业运营效率，还为员工提供了更灵活的工作方式，增强了员工满意度与忠诚度，符合社会责任维度中对员工权益保障的要求。

2. 生态化协作：工业互联网平台赋能供应链 ESG 协同

工业互联网平台的兴起，标志着企业之间的协作进入生态化阶段。该平台基于物联网、人工智能、区块链等技术，构建起覆盖供应链全环节的数字化网络，实现了供应商、制造商、分销商等主体间的深度协同。这种协作模式打破了传统供应链中信息不对称、协同效率低的“瓶颈”，为 ESG 目标的实现提供了新的解决方案。

在环境维度，工业互联网平台通过实时数据采集与分析，实现了对供应链各环节碳排放的精准监控与优化。平台整合供应商的生产能耗数据、物流运输的路线与油耗数据、产品全生命周期的碳足迹数据，形成可视化的碳排放图谱。企业可基于这些数据，优化生产计划、调整运输路线、改进产品设计，从而降低整体碳排放。同时，平台还能推动绿色技术与低碳工艺的共享，促进供应链上下游企业共同开展节能减排行动，形成绿色供应链生态。

从社会责任角度看，工业互联网平台增强了供应链的透明度与可追溯性。区块链技术的应用确保了产品生产、流通等环节信息的真实性与不可篡改，消费者可通过平台查询产品的原材料来源、生产过程、劳工权益保障等信息，促使企业更加注重社会责任履行。此外，平台通过数据共享与协同机制，推动中小企业融入供应链体系，为其提供技术支持与市场渠道，促进了产业公平发展，体现了社会维度中的包容性增长理念。

在治理层面，工业互联网平台重构了供应链的治理架构。传统供应链中，核心企业凭借资源优势占据主导地位，而平台化协作模式下，各参与方基于数据共享与智能合约实现平等合作。智能合约自动执行交易规则，减少人为干预与违约风险，提升了供应链治理的公正性与效率。同时，平台通过建立统一的 ESG 评价标准与激励机制，引导供应链企业共同提升 ESG 表现，形成协同治理的良好局面。

3. 组织形态变革的协同效应与未来展望

虚拟化运营与生态化协作的融合发展，产生了显著的协同效应。一方面，虚拟化运营降低了企业自身的运营成本与环境影响，为生态化协作提供了灵活高效的组织基础；另一方面，生态化协作通过供应链协同，放大了虚拟化运营的环境效益与社会价值，两者相互促进，共同推动企业 ESG 表现的提升。

从企业价值创造角度看，这种组织形态变革为企业带来了多重竞争优势。在环境方面，碳排放的降低有助于企业满足日益严格的环保法规要求，避免环境风险带来的经济损失；在社会方面，良好的员工关怀与供应链责任履行，提升了企业的品牌形象与社会认可度；在治理方面，数字化、智能化的管理模式增强了企业的风险防控能力与决策科学性。这些优势最终转化为企业的长期价值，吸引更多投资者关注，提升资本市场估值。

展望未来，随着数字技术的持续创新，企业组织形态将进一步向智能化、生态化方向演进。元宇宙、数字孪生等新技术的应用，将使虚拟化运营更加沉浸式与真实化；而工业互联网平台将与人工智能深度融合，实现供应链的自主决策与自适应优化。在这一过程中，企业须持续探索组织形态变革与 ESG 目标的深度融合，构建更具韧性与可持续性的发展模式，为全球经济的绿色转型与可持续发展贡献力量。

二、数字经济对 ESG 三维度的差异化影响

（一）环境（E）维度：技术赋能与规模悖论

在环境维度中，技术的赋能为企业带来了巨大的正面影响。与此同时，也伴随着不可忽视的负面冲击。正向赋能方面，数字孪生技术的应用为生产工艺的优化提供了巨大的潜力。以宝马沈阳工厂为例，该厂通过虚拟仿真技术（数字孪生技术）对生产工艺进行优化，有效地降低了试产废料率。这种技术通过模拟和测试不同生产流程、材料和工艺的组合，能够在实际生产前提前识别潜在的资源浪费和环保问题，从而实现更为高效和低碳的生产方式。这种优化不仅减少了废料的产生，还大幅降低了对环境的影响，帮助企业在追求经济效益的同时，积极履行社会责任，推动绿色制造的发展。

此外，区块链技术也在提高排放数据的可信度和透明度方面发挥着重要作用。蚂蚁链通过引入区块链技术，为碳排放数据创建了一个透明的账本，减少了碳排放核查的成本，每年节省 1.2 亿元。区块链技术的去中心化特点确保了数据的不可篡改性和透明性，为企业提供了一个可信的碳排放记录系统，帮助企业实现更加精确的碳排放监控和报告，同时为政策制定者提供了可靠的数据支持。这种技术不仅增强了企业和消费者对碳排放数据的信任，也为全球碳减排目标的实现提供了技术保障。

然而，技术进步也带来了负面冲击，尤其是在数据中心和电子废弃物管理方面。随着数据需求的快速增长，全球数据中心的能耗激增。据预测，到 2025 年，全球数据中心的用电量将占全球总用电量的 4.5%。这一增长趋势不仅加大了对能源资源的需求，也增加了温室气体排放，对环境造成了巨大的压力。同时，电子产品的废弃潮也在不断加剧。全球每年新增电子垃圾的增速达到 5%，而回收率却远低于 20%。这一现象反映了电子产品生命周期管理的不足，尤其是在废弃物回收和处理方面，技术的创新尚未能够有效解决资源回收的“瓶颈”。电子垃圾的日益增多，不仅浪费了大量的可回收资源，还带来了环境污染和健康风险，亟须加强废弃物的管理和回收利用体系。

（二）社会（S）维度：普惠性与数字鸿沟并存

在社会维度中，数字技术的普惠性创新正在为全球偏远地区和低收入群体带来更多机会，但与此同时，数字鸿沟问题依然存在，形成了新型的不平等和风险。数字金融的普惠创新在一定程度上缩小了城乡之间的差距，特别是在偏远地区的金融覆盖方面。蚂蚁森林的例子证明了数字金融在推动社会责任方面的巨大潜力。通过数字金融平台，蚂蚁森林能够带动 5 亿用户参与荒漠化治理，通过植树等环保活动减少碳排放并改善生态环境。这种基于技术平台的社会责任项目，不仅促进了全球范围内的环境保护，也为用户提供了参与社会公益的途径，推动可持续发展目标的实现。

一方面，在线教育的普惠性创新也在缩小地区之间的教育差距。腾讯课堂为乡村教师提供的ESG培训，超过50万人次参与，帮助乡村教师提高教学质量并加强其对环境、社会和治理的理解。这一举措不仅为乡村教育带来了更多的发展机会，还增强了教育的公平性，使更多的乡村地区能够接受优质的教育资源，帮助提高整体社会素质和文化水平。然而，尽管在线教育正在为贫困地区提供更多机会，但它也揭示了数字鸿沟的问题。并非所有地区都能平等地享受数字化教育资源，尤其是基础设施较差的地区，可能因为互联网接入困难、技术设备不足等问题，导致其教育普惠性不足。

另一方面，数字化带来的新型风险也亟待关注。算法歧视已成为数字技术普及过程中的一大挑战。以亚马逊AI招聘工具的性别偏见事件为例，AI在招聘过程中未能消除性别偏见，导致女性应聘者的录用机会被不合理地削减。这一事件揭示了算法设计中的偏见问题，虽然人工智能能够提高效率，但其背后的数据和模型往往带有开发者的隐性偏见，从而影响决策的公正性。随着人工智能在更多领域的应用，算法的公平性和透明度问题将成为未来技术发展的重大挑战，亟待政策和技术改进来确保其公正性和透明性。

此外，随着零工经济的崛起，劳动者的权益保障问题也日益突出。例如，美团骑手的工伤保险覆盖率不足30%，这一数据反映了数字平台下劳动者权益保障的缺失。在零工经济中，虽然灵活的工作方式提供了更多就业机会，但同时也带来了劳动者权益保障的不足，尤其是在社保、医保和工伤保险等方面。许多平台型企业尚未建立起完善的社会保障体系，导致平台工人的社会福利较低，面临较高的劳动风险。因此，如何通过完善法规和平台型企业的社会责任，保障零工经济劳动者的基本权益，成为现代数字经济中的重要问题。

（三）治理（G）维度：透明化与复杂性交织

在现代企业的治理过程中，数字技术的应用不仅提高了治理效能，还带来了新的治理挑战。随着智能合约和大数据分析的广泛应用，企业能够在提高透明度和治理效率的同时，面临日益复杂的合规问题。智能合约作为一种自动化执行协议的技术，正在彻底改变传统的治理模式。通过DeFi平台（去中心化金融）中的治理代币投票系统，智能合约可以自动执行基于ESG目标的对赌协议，例如Yearn Finance平台的治理代币投票参与率已经达到78%。这种自动化的治理机制不仅降低了人为干预的风险，还提高了决策过程的透明度，确保各方利益的公正平衡。此外，智能合约可以提高合同执行的效率，减少交易过程中的争议和成本，进一步推动企业的合规性和社会责任落实。

大数据反舞弊系统的出现，进一步提高了企业在治理方面的能力，尤其是在降低腐败风险方面。以京东为例，其廉洁系统每年能够拦截超过12万次异常行为，这表明通过大数据分析和人工智能的结合，企业能够实时监控和识别潜在的腐败和违规行为。这些技术不仅增强了公司内部的透明度，还为建立公正、透明的企业治理结构提供了技术保障。通过这种系统，企业能够提前识别和阻止可能的风险，减少法律和财务损失，推动公司在实现可持续发展和社会责任的过程中更加规范。

然而，数字化转型所带来的治理挑战也日益加剧。跨境数据流动的频繁，使全球企业在不同法律框架下的合规性问题变得更加复杂。以 TikTok 为例，用户数据存储的争议引发了 20 多个国家的法律诉讼和合规冲突，这不仅影响了企业的运营和声誉，也暴露了跨境数据管理中的法律盲点。随着全球数据隐私和安全法规的逐步强化，如何在不同国家和地区的合规要求之间找到平衡，成为企业在全球化背景下必须解决的问题。跨境数据流动不仅涉及法律问题，还影响企业的全球战略和市场布局，如何遵守各国的监管要求，同时确保数据的安全和隐私，成为现代企业治理面临的一大挑战。

在数字主权争夺方面，企业的全球治理架构面临着新的挑战。随着各国对数字主权的关注不断加强，华为等跨国企业在全球业务扩展过程中，面临频繁的治理架构调整。例如，华为在不同国家和地区的子公司治理架构调整频率提高了 3 倍，这反映了数字主权争夺对企业治理结构的深远影响。在数字主权的背景下，企业必须应对不同国家对数据、技术和市场的控制要求，这使全球治理变得更加复杂。企业不仅需要关注法律和政策的合规性，还要应对政府、利益相关者和市场的压力，确保其全球业务能够在合法和规范的框架下运营。

这些挑战显示了数字化时代企业治理面临的透明化和复杂性交织的局面。随着技术的发展，企业治理的效率和透明度得到了显著提高，但与此同时，新的治理挑战也在不断涌现。企业在享受技术赋能带来的便利和效益时，必须密切关注跨境合规、数据隐私、数字主权等问题，以确保其在全球市场中的竞争力和合法性。只有正确处理透明化与复杂性之间的平衡，企业才能在数字化时代实现可持续的增长和长期的社会责任履行。

三、数字经济背景下 ESG 表现的新趋势

全要素数字化监测正在成为企业在实现可持续发展目标中的重要工具。通过卫星遥感与物联网技术的结合，企业能够实时追踪供应链中的碳排放情况。这一技术的应用，使企业能够对从原材料采购到产品生产和运输的每一个环节进行精确的环境监测。沃尔玛计划到 2025 年实现 100％的供应商碳数据在线化，意味着沃尔玛将能够通过实时数据监控，确保其供应链中每个环节的碳排放都被记录并透明化。这不仅帮助沃尔玛更好地了解自身的环境足迹，也为其供应商提供了优化环保措施的依据，推动整个供应链向更加低碳、环保的方向转型。

同时，企业在向更加透明化的 ESG 报告转型过程中，正在从传统的 PDF 静态文档向更为动态、交互式的数据库系统过渡。例如，苹果公司开发的 ESG 数据平台支持 API 接口调用，使其数据更加开放和易于访问。这一转型使利益相关者能够实时获取和分析企业在环境、社会责任和治理方面的最新数据，提高了报告的透明度和可操作性。通过这种交

互式数据平台，企业可以更好地展示其在ESG领域的表现，同时也为投资者、消费者和监管机构提供了更为精确的数据支持，推动了企业治理和社会责任的更高效实施。

智能化风险管理则通过先进的人工智能和数据分析技术，进一步提高企业在ESG领域的应对能力。微软利用AI预警系统，能够提前6个月准确识别供应链中的强迫劳动风险，准确率达到92%。通过机器学习和大数据分析，微软的AI系统能够从海量的供应链数据中提取潜在的风险信号，为企业提供及时的预警。这种智能化的风险管理不仅提高了企业对ESG风险的敏感度，还使其能够在风险真正爆发之前，采取有效的应对措施，避免严重的社会和法律后果。AI预警系统的应用为企业提供了更加精准和动态的风险管理工具，从而实现了在复杂多变的全球供应链环境中的有效治理。

在面对突发的ESG危机时，数字沙盘模拟技术能够为企业提供更加高效的危机应对方案。特斯拉通过虚拟推演和数字沙盘技术，能够模拟各种工厂罢工或其他突发事件的应对过程，将响应效率提高了40%。通过数字沙盘，特斯拉能够在没有实际发生危机的情况下，提前测试不同的应急反应策略，找到最优的解决方案。这种技术不仅可以提高企业应对突发事件的速度，还能够减少实际危机中可能产生的负面影响，从而保障企业的稳定运营和声誉。这种智能化的危机管理能力，能够帮助企业在复杂和动荡的市场环境中保持竞争力，并确保其在面对重大风险时能够迅速做出反应。

随着ESG战略的深入，企业正在将价值创造更加显性化，并通过数字资产与ESG绩效的挂钩来实现这一目标。例如，腾讯通过发行10亿美元绿色债券，为其数据中心的低碳改造提供资金支持。通过这种方式，腾讯不仅能够为其绿色技术和低碳项目提供资金保障，还能够通过绿色债券的透明发行，向投资者展示其在环境保护方面的承诺。数字资产的使用使企业能够将ESG目标与财务回报紧密结合，提高其在市场中的社会责任形象，同时为投资者提供更多的绿色投资机会，推动可持续发展的资金流动。

用户参与式的价值共创也成了企业创新的重要方式。星巴克通过其数字会员系统，允许消费者通过App碳积分兑换产品，从而影响公司产品研发方向。用户的参与不仅为星巴克带来了更强的客户黏性，还为公司提供了有关消费者偏好和绿色消费趋势的重要数据。这种基于数字平台的用户参与模式，使企业能够更好地理解市场需求，并在其产品和服务的开发过程中更加关注可持续性。通过这种方式，星巴克能够将消费者的环保意识转化为具体的产品创新，不仅提高了品牌的社会责任感，也为企业的长期发展和可持续盈利提供了新的驱动力。

数字化技术和智能化系统正在深刻地改变企业的治理方式和社会责任履行模式。通过全要素数字化监测，企业能够更加精准地跟踪和管理其环境足迹；通过智能化风险管理，企业能够更高效地应对ESG风险；而通过数字资产和用户参与式共创，企业能够显性化其在可持续发展方面的价值创造。这些创新不仅推动了企业在ESG领域的深度转型，也为全球可持续发展目标的实现贡献了企业的力量。

四、企业面临的新挑战与应对策略

在当今数据驱动的商业环境中，数据治理面临着前所未有的挑战，特别是在隐私保护与数据利用之间的平衡问题上。随着数据隐私保护法规的日益严格，尤其是欧盟 GDPR（通用数据保护条例）的实施，企业在开发和利用数据时面临极大的合规压力。GDPR 的合规要求使企业在处理用户数据时必须更加谨慎，确保用户隐私不被泄露。然而，这一法规的实施也导致企业数据开发成本的显著增加。相关数据显示，GDPR 导致企业数据开发成本平均增长了 23%。这一成本增加不仅影响了企业的数据驱动决策和创新能力，还在一定程度上限制了企业在大数据分析和个性化营销方面的运用，进而影响其在市场中的竞争力。如何在保护用户隐私的同时，使数据的利用价值最大化，成为当前企业面临的一大挑战。

为应对这一困境，差分隐私技术的应用逐渐成为一种有效的解决方案。谷歌通过 FLoC（Federated Learning of Cohorts）算法实现了用户分组的隐私保护，同时保持了数据分析的准确性。FLoC 算法通过将用户分成多个小组进行行为分析，确保单个用户的隐私不被泄露，同时通过群体数据提供高效的个性化广告服务。数据显示，FLoC 算法的用户分组误差率低于 0.5%，为数据利用和隐私保护提供了有效的平衡。这一技术不仅提高了数据处理的效率，还降低了企业面临的隐私泄露风险，帮助企业在严格的隐私保护法规下，仍能够实现数据的高效利用。

随着技术的不断进步，企业面临的技术更新周期也在大幅缩短。从传统技术的 5～7 年更新周期，到现在数字技术的更新周期已缩短至 9～12 个月。这种快速的技术迭代要求企业必须时刻保持对新技术的敏感性和应对能力，以避免被快速变化的市场环境淘汰。尤其是在绿色技术和 ESG 领域，企业需要不断跟进新的技术发展，以提高其环境效益和社会责任的履行能力。然而，这种快速的技术更新不仅增加了企业的研发压力，还提高了技术投资的风险。企业不仅要确保现有技术的持续优化，还要为未来技术的更新和升级做好准备，以保持竞争优势。

为应对这一挑战，一些企业已经开始建立 ESG 技术储备金制度。例如，微软每年会将其营业收入的 2%预留用于绿色技术的预研，以确保公司能够跟上技术发展的步伐，持续创新和升级其产品和服务。这种做法不仅有助于企业提前掌握未来可能影响其业务发展的技术，也能为其在绿色转型和可持续发展方面提供长期保障。通过技术储备金的建立，企业能够在不断变化的技术环境中保持灵活性，同时为未来的市场需求和政策变化做好充分准备。

随着数字化转型的加速，数字鸿沟问题越发严重，尤其是在中小微企业中，数字化转型的成本往往占据其年利润的 15%以上。对于许多中小微企业而言，高昂的技术投资和转型成本使它们在与大企业的竞争中处于不利地位。数字化转型所需的资金、技术和人才资源，往往超出了这些企业的承受能力，导致它们无法有效提高竞争力，进一步加剧了市场中的数字鸿沟。与此同时，许多中小企业缺乏足够的技术支持和数字化转型的经验，这使它们在面对日益激烈的市场竞争时，难以适应新的商业环境。

为缓解这一问题，产业互联网平台提供的共享 ESG 解决方案正在成为一种有效的应对策略。阿里云的 ET 大脑就是一个典型的例子，通过开放环境监测模块，阿里云为中小微企业提供了低成本、高效的 ESG 解决方案。ET 大脑通过集成先进的环境监测技术，为企业提供实时的环境数据分析和管理服务，帮助企业在进行数字化转型的同时，实现环保和社会责任的目标。通过这种平台化的共享解决方案，中小企业能够以较低的成本获得数字化转型所需的技术支持，并在此基础上提高其市场竞争力和可持续发展能力。这种模式不仅有助于中小企业解决数字化转型中的资金和技术难题，还推动了整个行业向更加绿色、可持续的方向发展。

第二节　案例企业 ESG 表现分析

一、案例企业选取标准与分类

（一）行业覆盖代表性

数字经济原生企业的代表性企业通常是互联网平台公司，如腾讯和阿里巴巴。这些公司作为数字经济的先锋，已经不仅仅局限于传统的互联网业务，而是逐渐将其业务拓展至多个行业，涵盖了从电子商务、金融支付到云计算、大数据和人工智能等多个领域。腾讯和阿里巴巴等公司在推动数字化转型的同时，始终将 ESG 目标嵌入其企业战略中，通过加强数据安全、推动绿色金融和环境友好的生产模式等，提高其社会责任感与市场影响力。尤其是在平台经济和数字化创新方面，数字经济原生企业通过技术驱动和数据赋能，带动了行业的快速发展，成为推动社会和环境责任的重要力量。

同时，数字化转型的传统企业，如美的和海尔，代表传统制造业在数字化时代的成功转型。智能制造和工业互联网技术的应用，帮助这些公司优化生产流程，提高能源利用效率，减少碳排放，实现绿色转型。在金融科技领域，蚂蚁集团则代表传统金融业的数字化升级，通过创新的金融服务模式和普惠金融理念，不仅推动了金融业的变革，也在 ESG 实践方面做出了积极努力。例如，通过提高金融透明度和加强社会责任项目，助力社会可持续发展。

此外，也有一些企业虽然曾发生过重大 ESG 事件，但积极进行整改，逐步重建了信用。新能源汽车行业就是一个典型的例子。一些企业曾因数据造假事件受到广泛批评，但通过加强内部管理、完善数据监控和披露体系，最终成功地重新赢得了投资者和消费者的信任。这些企业的转型过程证明了企业在面对挑战和危机时，通过积极的整改和透明化管理，能够实现可持续发展，并在行业中恢复竞争力。

（二）ESG 表现梯度分布

在 ESG 表现的梯度分布中，领先组企业通常是那些在 ESG 实践中表现出色，并且连续多年获得高评级的公司。例如，宁德时代和药明康德，作为领先组企业，连续三年在 ESG 评级中保持 AA 级以上。这些企业不仅在环境保护、社会责任和治理结构上进行持续投入，而且在业务创新和技术研发方面充分考虑到可持续性原则。宁德时代通过绿色技术推动了电池回收和循环利用，减少了矿产资源的开采压力，并在全球范围内推广了低碳技术，成为新能源行业的重要领导者。药明康德则通过严格的治理结构和透明化的运营管理，提高了其在药品研发过程中的社会责任履行，成了行业内的绿色生产典范。

追赶组企业则是那些在 ESG 评分上有所提高的公司。例如，小米集团在 2021—2023 年，成功地将其 ESG 评级从 B 级提高至 A 级。这一转变反映了企业在社会责任和环保领域的积极努力，尤其是在数据隐私保护和环境友好型产品设计方面取得了显著进展。小米通过加大对绿色供应链的投入、提高产品能效、增加社会公益投入等措施，逐步缩小了与领先组企业之间的差距，并获得了市场和投资者的广泛认可。

滞后组企业则是那些在 ESG 表现上持续处于低位的公司。这些企业由于缺乏透明的治理结构、未能妥善处理数据隐私等问题，导致其 ESG 评级持续低于 BBB 级。例如，某些直播平台因在数据隐私和内容管理方面的失误，连续几年在 ESG 评分中排名靠后。这些企业的低评级不仅影响其品牌形象，还限制其在资本市场中的发展。滞后组企业亟须通过加强治理结构、提高数据保护措施、积极履行社会责任等方式，改进其 ESG 表现，才能在激烈的市场竞争中恢复信任和支持。

（三）数字化水平分层

在现代企业中，数字化转型的程度和广度决定了企业的竞争力和未来发展潜力。数字化水平分层不仅反映了企业在技术应用和数据驱动决策中的能力，也决定了它们在快速变化的市场环境中的适应性。企业在不同的数字化阶段，其运营效率、创新能力和社会责任履行都呈现出显著差异。

在深度数字化的企业中，技术和数字化已经成为推动企业核心业务和战略发展的关键因素。在这类企业的研发投入中，数字化占比通常超过 40%，这使它们在技术创新、数据分析和智能化决策方面具备显著优势。例如，字节跳动和商汤科技作为深度数字化的代表性企业，利用人工智能、大数据和云计算等前沿技术，驱动业务的快速增长和产业的升级。这些公司不仅在产品创新和技术研发上取得了显著突破，还通过数字化手段优化了资源配置，提高了运营效率。字节跳动通过精准的数据分析和个性化推荐引擎，在短视频和社交媒体平台取得了市场领导地位，而商汤科技则依托深度学习和计算机视觉技术，推动了人工智能技术在多个行业中的广泛应用。这些企业在研发和技术创新上的深度数字化投入，使它们在全球竞争中处于领先地位。

中度数字化的企业则在核心业务流程的线上化方面取得了一定进展，其核心业务流程的线上化率通常在60%～80%。这些企业已经在部分环节实现了数字化转型，但在整体数字化战略和实施上，仍然存在一定的提升空间。招商银行作为中度数字化的代表之一，通过数字化转型实现了在线支付、智能客服、风险管理等核心业务流程的自动化和线上化。这使招商银行在提高客户体验、增强运营效率和降低运营成本方面取得了显著成效。虽然招商银行已经在多个领域实现了数字化升级，但与深度数字化的企业相比，仍存在一定的差距，特别是在数据整合和智能决策方面。中度数字化企业通常能够利用数字技术提高生产力和服务质量，但在技术创新和全方位数字化转型的速度上，可能面临更大的竞争压力。

在起步阶段的企业中，数字化投入占比通常较低，往往不到20%。这类企业的数字化转型仍处于初级阶段，传统的业务流程和管理模式仍占据主导地位。例如，某些传统零售企业尚未充分利用数字技术来优化库存管理、消费者行为分析和在线销售渠道等。这些企业面临较大的挑战，包括数字化技术的缺乏、人才的匮乏以及对数字化投资回报的疑虑。随着数字技术的不断发展和竞争环境的不断变化，这些企业必须加快数字化转型的步伐，否则将难以适应快速变化的市场需求和消费者行为。这类企业的数字化投入不足，导致其在市场中的灵活性和响应速度较慢，竞争力也相对较弱。

二、典型企业 ESG 表现深度解析

（一）腾讯控股（互联网行业标杆）

腾讯控股作为互联网行业的标杆企业，长期致力于环境、社会责任和治理三大维度的深度实践，并通过不断创新来提升其综合竞争力。

在环境（E）维度，腾讯在其数据中心的能源使用效率（PUE）方面取得了显著成效。腾讯的数据中心 PUE 降至 1.06，远低于行业平均水平 1.5。这一成绩展示了腾讯在提高能源效率、减少碳排放方面的积极努力。除了优化数据中心的能源管理以外，腾讯还通过自研的 AI 节能算法，每年节省电力达到 4.2 亿千瓦时，相当于减排 26 万吨二氧化碳。这一创新不仅帮助腾讯降低运营成本，也为环境保护贡献了力量，展现了腾讯作为行业领导者在推动绿色低碳经济方面的责任和承诺。

在社会（S）维度，腾讯也进行了广泛的责任履行。例如，为了保护未成年人的网络

安全，腾讯实施了未成年人网络保护系统，该系统有效拦截了98.7%的非理性消费，保护了大量青少年用户免受不良内容和过度消费的影响。此外，腾讯的数字包容计划通过为乡村教师提供数字化培训，提高了超过10万名乡村教师的教育水平，为中国的教育公平作出了贡献。这些举措不仅帮助腾讯在社会责任方面树立了良好的企业形象，也推动了社会的整体进步。

在治理（G）维度，腾讯高度重视数据安全与隐私保护。公司设立了数据安全委员会，并每年投入23亿元人民币用于隐私保护研发，确保用户数据的安全性和隐私性不被侵犯。公司还在董事会层面加强了ESG议题的审议，ESG议题在董事会审议时的占比从15%提高至35%，反映出腾讯对环境、社会责任及治理的重视程度在不断加深。通过这些措施，腾讯不仅在行业内树立了治理的典范，也为全球互联网行业的可持续发展提供了宝贵的经验。

（二）宁德时代（新能源制造业代表）

作为新能源制造业的领军企业，宁德时代在环境、社会责任和治理三个维度的创新和突破，充分展示了其在全球新能源行业中的领导地位。

在环境（E）创新方面，宁德时代是全球首家实现电池全生命周期溯源的企业，采用区块链技术确保100%的供应商信息透明化。这一创新不仅增强了产品的可追溯性，提高了消费者对绿色产品的信任，也为全球电池回收和再利用标准的建立提供了示范。此外，宁德时代还大力推动绿电的使用，已将绿电使用率提高至47%，远远超过行业的平均水平12%。这一举措体现了宁德时代在推动清洁能源应用和减少碳足迹方面的坚定承诺，并积极响应全球可持续发展目标。

在社会（S）实践方面，宁德时代关注员工的成长与社会福利，实施了产业工人技能重塑计划，覆盖了8万名员工。通过这一计划，员工的技能得到了全面提升，企业的员工离职率下降了18%。这一变化不仅提高了员工的工作满意度，也增强了企业的稳定性和凝聚力。宁德时代还通过延伸供应链责任，确保三级供应商的ESG合规率由65%提高至92%。这表明，宁德时代在推动绿色供应链的建设和强化全球供应商社会责任方面做出了巨大的努力，为行业树立了标杆。

在治理（G）突破方面，宁德时代的研发决策委员会引入了外部环境专家，赋予其重大技术路线决策的投票权重占30%。这一做法提高了公司决策的多样性和专业性，确保公司在技术研发和战略方向上具有更广泛的视野和更加科学的决策依据。此外，宁德时代还实施了数字化反腐系统，每年能够预警1200余次高风险交易，有效提高了企业的治理透明度，减少了内部腐败和违规行为的发生，增强了公众和投资者的信任。

（三）蚂蚁集团（金融科技领域）

蚂蚁集团作为金融科技领域的佼佼者，在推动数字支付和普惠金融的同时，还在环境、社会责任和治理三个维度中进行了深刻的创新和改进。

在环境（E）维度，蚂蚁集团在绿色计算技术的应用上取得了显著成效。通过引入高效的绿色计算技术，蚂蚁集团的数据显示，数据中心能耗减少了 35%，这一节能措施的实施相当于每年种植 460 万棵树。这不仅降低了运营成本，也大幅减少了碳足迹，为推动数字经济的绿色发展作出了贡献。此外，蚂蚁集团在绿色金融领域的创新也表现突出。绿色金融产品的规模已经突破了 8000 亿元，其中小微绿色贷款的不良率仅为 0.8%。这一创新表明，蚂蚁集团在为小微企业提供融资支持的同时，也能确保其贷款产品具有较低的风险，并通过精准的金融科技手段推动可持续发展，助力中国经济的绿色转型。

在社会（S）维度，蚂蚁集团的 310 模式成了普惠金融的代表。通过这一模式，蚂蚁集团实现了 3 分钟申请、1 秒放款、0 人工干预的服务流程，成功服务了超过 4000 万小微商户。该模式不仅提高了金融服务的效率，还让更多的小微企业和个体工商户能够快速地获得所需的资金支持，从而促进了经济的繁荣和社会的公平。这一数字化服务模式的普及，不仅降低了小微企业的融资门槛，也极大地提高了其运营效率。此外，蚂蚁集团还在用户数据保护方面不断创新，采用隐私计算技术实现了“可用不可见”的数据保护机制，有效保障了用户的隐私安全。通过这一技术，蚂蚁集团成功地避免了数据泄露事件的发生，增强用户的信任感和安全感，推动了金融科技领域的合规化发展。

在治理（G）维度，蚂蚁集团面临着越来越复杂的合规要求，尤其是在关联交易和公司治理结构方面。通过整改，蚂蚁集团在关联交易的披露颗粒度上进行了细化，尤其是在单笔超过 300 万元的交易披露上，提高了透明度。这一整改措施不仅提高了公司内部治理的透明度，也增强了投资者对企业的信任，确保了公司能够在严格的金融监管环境中合规运营。此外，蚂蚁集团还在董事会构成上做出了重要调整，将独立董事的比例从 33%提高至 50%，并增设了金融伦理专业委员会。这一举措使蚂蚁集团在决策时能够充分考虑伦理问题和社会责任，增强了企业治理的科学性和公正性。通过加强公司治理结构的独立性和透明度，蚂蚁集团不仅提高了公司管理的效率，也为未来的合规发展打下了坚实基础。

三、数字经济背景下的 ESG 表现差异对比

（一）数字化技术应用深度对比

随着数字技术的不断演进，企业在应用这些技术以提高效率、降低成本及实现可持续发展目标方面差异显著。数据驱动型企业，尤其是以腾讯为代表的互联网企业，通过先进的人工智能技术，能够大幅优化其碳排放管理。在腾讯的 AI 优化系统中，每提高 1%的能效，碳排放相关的边际成本就能下降 15%。这一数字不仅反映了 AI 技术在能源利用方面的强大优化能力，也展示了数据驱动决策在环境管理中所带来的成本效益。这种通过精准数据分析和智能优化带来的边际成本递减效应，使腾讯能够在降低碳排放的同时，节省

大量的运营成本，并推动绿色低碳经济的发展。

相比之下，传统企业（如美的）在数字化转型过程中面临的挑战更为复杂。虽然美的在数字化投入方面做出了大量努力，但其投入产出比仅为 1∶1.2，远低于互联网企业的 1∶3.5。这表明，传统制造企业在数字化转型过程中，尚未充分发挥技术的优势，投入的资源和时间与实际回报之间存在较大的差距。传统企业的数字化转型往往面临更多的技术和管理瓶颈，尤其是在数据整合和实时响应能力方面，往往比互联网企业的灵活性和创新能力差。为了实现更高效的数字化转型，传统企业需要通过优化业务流程、提升技术应用深度和加强跨部门协作来提升其数字化转型的产出效益。

技术代差的影响在不同企业之间也体现得尤为明显。以区块链溯源技术为例，宁德时代在其供应链管理中已经全面实现了区块链溯源技术的应用，供应链的覆盖率达到了 100%。这一技术不仅提高了供应链的透明度和可追溯性，也提高了企业对环保责任的履行和社会责任的管理水平。然而，某些化工企业在这一领域的应用仍然相对滞后，仅实现了 30%的供应链覆盖率。这种代差反映出不同行业和企业在技术应用普及度、实施进度和实际效果方面的巨大差距。在面对日益严峻的环保要求和监管压力时，如何加快技术的普及和应用，成为传统行业在转型过程中亟待解决的难题。

（二）ESG 战略与业务融合度差异

随着全球可持续发展目标的提出，越来越多的企业开始将 ESG（环境、社会和治理）战略嵌入其业务流程中，但这些战略的融合度却存在显著差异。原生融合型企业（如阿里巴巴）在将 ESG 目标与公司战略深度融合方面展现了卓越的领导力。阿里巴巴不仅将 ESG 指标直接嵌入其 KPI 体系中，确保每一个业务单元的运营目标都与减排、社会责任和治理标准紧密相连，而且在减排目标的设定上具有明确的量化目标。据统计，阿里巴巴有 83%的业务单元设定了具体的减排目标，这不仅体现了公司对环境管理方面的高度重视，还反映了其将可持续发展目标内化为公司运营的核心要素。此外，阿里巴巴在将 ESG 相关业务纳入整体战略的过程中，还实现了 ESG 相关业务营收占比的显著增长，从 2020 年到 2023 年，其 ESG 相关业务营收占比从 8%提高至 22%。这一增长表明，阿里巴巴已经成功地将 ESG 目标与商业模式紧密融合，并将其转化为商业价值。

与此形成对比的是一些被动合规型企业，它们的 ESG 战略大多是在应对外部监管压力的背景下进行的。例如，某地产企业的 ESG 投入中有 72%仅用于应对监管要求，如强制性碳排放披露等。这类企业的 ESG 战略往往缺乏长远规划，更多的是应付式的合规性投入，而非真正推动企业自身可持续发展的系统性战略。这种被动合规型的策略可能会帮助企业满足短期的法律和合规要求，但缺乏与公司核心业务的深度融合，无法为企业带来长远的竞争力和社会责任的提高。

（三）利益相关者管理方式分野

近年来，企业在推动环保与可持续发展方面越来越重视用户参与和供应链协同的作用。这些措施不仅反映了企业的社会责任，也在推动环境保护、减少资源浪费和提高供应链效率方面取得了显著成效。

例如，美团外卖推出的“无需餐具”选项便是一项典型的用户参与式治理的成功案例。该项举措通过激励用户选择“无需餐具”的外卖服务，减少了使用一次性塑料餐具的频次，从而有效减少了塑料垃圾的产生。通过用户的主动选择，这一措施的选项选择率从最初的 12%提高至 58%，从而减少了超过 4.3 万吨的塑料垃圾。这不仅提升了平台的环保形象，也通过实际行动推动了环保意识的普及，形成了良性的用户与企业互动。然而，在与某些传统餐饮企业的对比中，尽管它们在环保方面也做出了努力，但由于缺乏用户的有效参与，其环保措施的用户感知度不足 30%。这表明，即使有可持续发展的措施，如果没有有效地激发用户的参与，也难以产生较大的社会效益。

另外，供应链协同在提升企业的环境、社会及治理（ESG）表现方面也起到了至关重要的作用。例如，海尔的工业互联网平台就通过优化供应链管理和数字化协作，推动了 600 家供应商的 ESG 评级提高，平均提高了 1.5 级。这一举措不仅增强了整个供应链的可持续发展能力，也让供应商在参与过程中更加注重环保和社会责任。然而，供应链中的一些不合规行为可能导致严重的后果。某汽车厂商因其电池供应商未能遵守 ESG 规范，导致电池存在质量问题，最终迫使公司召回大量产品，损失超过了 10 亿元。这一事件凸显了供应链中每一个环节的关键性，尤其是在环保和社会责任方面的合规性问题。供应链中的不合规行为不仅损害了企业的品牌声誉，还可能导致巨大的经济损失，反映出企业必须更加重视与供应商的合作与监督，确保整个链条都能够符合可持续发展的要求。

通过这些案例可以看出，用户参与和供应链协同在推动企业可持续发展中的重要作用。企业在制定环保和社会责任战略时，除了需要依靠内部管理和技术创新以外，更要通过增强用户的参与感和提高供应链的协同水平，共同促进环境保护、资源节约和社会责任的落实。

四、ESG 表现差异的成因探究

在当前的商业环境中，不同企业之间在技术禀赋、领导层认知、行业监管等多个维度的差异正在深刻影响着它们的发展速度和可持续竞争力。尤其是在数字化转型和企业治理领域，这些差异不仅体现了公司内部的管理水平，还直接关系到企业的市场表现和履行社会责任。

技术禀赋差异是一个显而易见的领域，头部企业在数字化研发上的投入往往超出其营业收入的 5%，而与之相比，滞后企业的数字化研发投入仅为 1.2%。这一差距反映了技术创新和研发在企业发展战略中的地位，技术领先的企业能够通过数字化转型优化业务流程，提高效率，并通过技术创新抢占市场先机。同时，数字化投入的提升也能帮助企业提高竞争壁垒，尤其是在面对不断变化的市场环境时，技术研发成了企业持续创新与发展的根基。

在 AI 伦理治理方面，领先企业的投入与中型企业之间的差距也尤为明显。例如，腾讯在 AI 伦理治理方面拥有 200 人的专业团队，而某些中型企业则仅有不足 5 人的相关团队。随着 AI 技术的快速发展和应用，企业需要在技术研发的同时，充分考虑 AI 伦理和社会责任的边界，建立完善的治理结构。企业的 AI 伦理治理团队规模直接影响其对技术应用的规范程度，具备强大伦理治理团队的企业能够更好地遵守社会伦理标准，减少技术带来的潜在负面影响，赢得用户和社会的信任。

行业监管强度的倒逼效应也是推动企业变革的重要因素。例如，金融科技行业的 ESG（环境、社会和治理）披露标准明显比传统制造业更加严格，相关指标数量多达 40%。随着监管压力的增加，企业不得不提高对 ESG 的重视程度，不仅是为了合规，更是为了提升企业的社会形象和长期价值。与此同时，互联网平台在反垄断方面的监管也越发严格，反垄断和合规性问题不仅影响企业的财务表现，也可能影响其品牌形象和市场地位。

领导层的认知代际差异也是影响企业战略决策的重要因素。“80 后”高管群体在主导企业 ESG 战略时，往往表现出更高的激进度，这一代高管在推动可持续发展和社会责任方面的行动力比传统企业的高管高出了 2.3 倍。特别是在数字经济企业中，78%的企业董事会设有 ESG 专委会，而传统企业中这一比例仅为 32%。这反映出数字经济企业在可持续发展战略上的投入和重视，尤其是在面对新兴的社会责任要求时，领导层的认知与决策速度对于企业的应对能力至关重要。

数据资产的积累差距则直接影响企业在数据驱动决策和市场反应中的优势。例如，头部平台企业每天处理的数据量达到 500PB，而中小企业的数据量不到 1PB。数据的规模差异不仅决定了企业的分析能力，也影响了它们在客户洞察、市场趋势预测和个性化服务方面的竞争力。此外，数据治理的成熟度也是企业竞争力的重要标志。例如，蚂蚁集团在数据治理方面达到了 100%的数据分级标签覆盖率，而某些地方性银行仅为 60%。数据治理的成熟度直接影响企业对数据的管理能力，能够有效保障数据安全、隐私保护和合规性，同时提高数据的利用效率，推动业务创新。

从这些差异可以看出，企业在多个维度上的差距不仅反映了它们在数字化转型中的进展，还影响了它们在市场中的竞争力。技术投入、AI 伦理治理、行业监管应对、领导层认知、数据治理等方面的差异，已经成为推动企业发展和可持续创新的关键因素。企业若要在竞争激烈的市场中脱颖而出，必须在这些领域加强投入和优化，从而实现长期发展和社会责任的双重目标。

第三节　数字经济与ESG表现的关联分析

一、数字经济指标与ESG表现的指标体系构建

（一）数字经济渗透度（DEE）

数字经济渗透度（DEE）是衡量企业在数字化转型过程中，数字技术应用与创新投入的核心指标。这个指标通过综合评估企业在数字化方面的资源投入和技术应用的深度，能够全面反映企业在数字经济中的竞争力和适应性[①]。

在一级指标中，数字化投入强度主要关注企业在数字化转型过程中的资金与资源投入。研发支出占比作为企业长期发展战略中的关键指标，反映了企业对创新的重视程度以及其推动数字化进程的决心。企业在研发方面的投入直接关系到技术创新的速度和质量，而数字化转型则要求企业不断通过创新来提高效率、降低成本和增强竞争力。云计算支出/营收的比例则反映了企业在云计算技术上的资源配置。随着云计算成为现代企业运营中不可或缺的部分，云计算支出的占比可以体现企业对数字基础设施建设的重视程度，也能够揭示出其如何利用云计算来实现更高效的数据存储、分析和业务流程管理。

在二级指标中，技术应用深度评估了企业在实际操作中对数字技术的应用情况及其在业务中实际发挥的作用。例如，AI专利数直接反映了企业在人工智能领域的技术积累和创新能力。AI作为数字经济的重要驱动力，能够为企业带来智能化的产品和服务，提高运营效率，优化客户体验。而区块链节点数量则展示了企业在区块链技术上的应用和投资深度，尤其在金融、供应链等领域，区块链技术已成为提高透明度、安全性和去中心化信任的关键技术。物联网设备覆盖率则代表企业在物联网技术中的投入程度和应用广度，物联网不仅提高了企业对生产和运营流程的实时监控能力，还促进了智能制造、智能物流等领域的创新发展。

数据来源主要包括企业年报、Orbis数据库、WIPO专利库等，这些数据来源提供了精准的企业运营与技术投资的信息。企业年报是了解企业整体战略和数字化投入情况的主要途径，Orbis数据库提供了关于企业财务、技术和市场的详细数据，而WIPO专利库则为分析企业在技术创新方面的投入提供了可靠依据。通过这些数据的综合分析，能够帮助我们全面理解企业在数字经济中的渗透度，进一步评估其在数字转型中所处的阶段和未来

① 白牧蓉，张嘉鑫．上市公司ESG信息披露制度构建路径探究［J］．财会月刊，2022（7）：90－99．

潜力。

（二）ESG 综合得分（ESG Score）

ESG 综合得分（ESG Score）是衡量企业在环境、社会和治理（ESG）领域表现的综合性指标。它能够反映企业在可持续发展过程中，如何平衡经济、社会与环境的责任，同时帮助利益相关者了解企业在推动可持续发展方面的实际表现。

在环境（E）维度，单位营收碳排放强度是一个关键指标，它衡量了企业每单位收入所产生的碳排放量。这一指标不仅反映了企业在减少碳排放方面的努力，也体现了企业在运营中如何通过优化生产流程、提高能源效率以及采用低碳技术来降低环境负担。碳排放强度的降低意味着企业在绿色转型中的进展，能够更好地适应日益严格的环境法规和消费者对绿色产品的需求。可再生能源使用率则是另一个重要的环境指标，表明企业的可再生能源在能源结构中的比重。随着全球对清洁能源的需求增加，采用可再生能源不仅有助于减少碳排放，还能提高企业的能源安全性和经济效益。

在社会（S）维度，员工数字技能培训时长是衡量企业在提升员工能力、应对数字化转型方面投入的一个重要指标。随着数字化进程的加速，企业需要通过定期的培训，帮助员工掌握新技术和新工具，以提高其在数字化时代的竞争力。这一指标反映了企业如何重视员工的技能发展，并通过持续的教育和培训提高员工的职业素养和生产力。供应链劳工权益达标率则侧重于企业在全球供应链中如何确保劳工的基本权益得到保障。企业通过制定明确的劳工权益标准，进行合规性检查，能够减少劳工被剥削现象，增强供应链的社会责任感，并降低潜在的社会风险。

在治理（G）维度，数据安全投入占比是一个反映企业在保护用户数据和隐私方面投入的关键指标。在数字经济日益发展的今天，数据安全成了企业治理的核心内容之一。企业通过加强数据保护技术、完善隐私保护政策，并确保其在运营中的合规性，能够在全球数据隐私法规日益严格的背景下提高透明度和消费者信任。算法伦理审查频率则是衡量企业如何确保其使用的人工智能算法符合伦理标准，避免出现偏见、歧视和不公正现象的指标。随着 AI 技术的快速发展，如何确保算法的公正性、透明度和责任性，成了企业在数字时代面临的重要治理挑战。

数据来源方面，明晟（MSCI）、Sustainalytics 以及企业发布的 ESG 报告是收集 ESG 相关数据的主要途径。明晟和 Sustainalytics 提供了详细的 ESG 评级和分析报告，帮助分析师、投资者和企业领导者评估企业在环境、社会和治理领域的表现。而企业的 ESG 报告则是企业自我披露其可持续性实践和 ESG 策略的重要渠道，能够为外部利益相关者提供透明、可信的企业责任履行信息。这些数据来源不仅有助于评估企业的 ESG 表现，还能够为投资决策提供重要的参考依据。

二、数字经济驱动 ESG 表现的分析结果

在高数字化行业，特别是科技和金融行业，数字技术的应用对企业的环境表现（E 维度）产生了显著的积极影响。以人工智能（AI）技术为例，AI 专利数量每增加 10 项，企业的环境得分能够提高 0.9 分。这一影响的显著性反映了 AI 技术在减少碳排放、优化资源配置和提高能源效率等方面的潜力。例如，微软在 2023 年通过其 AI 减碳专利的贡献，使其环境评分增长了 73%。微软利用 AI 技术优化了数据中心的能源使用和冷却系统，通过智能算法实时调整能源需求，减少了碳排放量，这为其在环境维度的 ESG 得分提高提供了有力支持。AI 技术的应用不仅提高了企业的环境效益，还通过提高能源管理效率和减少资源浪费，进一步推动了绿色转型。

相较于高数字化行业，传统行业如制造业和能源行业，数字技术的应用对企业的社会与环境责任的影响更为直接且突出。例如，在物联网（IoT）技术的应用中，物联网设备的覆盖率每提高 10%，企业发生突发污染事件的频率将减少 28%。这一现象在中国宝钢的案例中得到了验证。宝钢通过在生产过程中广泛部署物联网传感器，实时监测环境变量（如空气质量、废气排放等），及时调整生产工艺和设备运转，以有效预防污染事件的发生。IoT 设备通过提高生产过程中的透明度和实时监控能力，使企业能够在污染源发生之前采取有效的防范措施，从而显著降低突发污染事件的发生率。

这一分行业异质性检验揭示了数字技术在不同领域的应用效果有所不同。在高数字化行业，尤其是 AI 技术在减少碳排放和推动绿色技术创新方面的潜力更加突出，使得这些行业在环境维度上能够获得更为显著的提高。而在传统行业，物联网等数字基础设施则更多地通过提高生产过程的效率和减少环境事故发生频率，推动企业在环境和社会责任方面的表现。这一差异性反映出不同行业在数字化转型中的特定需求与侧重点，企业应根据所在行业的特点，制定针对性的数字化战略，使数字技术对 ESG 目标的推动作用达到最大化。

区块链技术在供应链管理中的应用日益广泛，特别是在供应链追溯系统的构建上，对提高企业社会责任履行的透明度起到了至关重要的作用。以星巴克为例，其咖啡豆溯源系统通过区块链技术对供应链全过程进行实时记录和追踪，使消费者能够直接获取到产品的生产来源、加工过程及运输路径。这一技术的应用不仅增加了消费者对品牌的信任，还帮助企业在全球供应链管理中加强了对劳工权益的保障。通过精准追踪每一批次咖啡豆的生产和采购过程，星巴克能够确保其供应商在劳动条件和工资支付方面符合国际劳工标准，从而在两年内将其供应链劳工权益得分从 B 级提高至 A 级。这一提高不仅表明企业在社会责任方面的持续改进，也增强了其品牌形象和市场竞争力。

另外，数字孪生技术在企业的环境管理和数据披露中也展现出强大的优势，尤其是在碳足迹的监测与优化方面。数字孪生技术通过创建企业生产和运营过程的虚拟双胞胎，能

够实时模拟和分析其实际运营过程，精准测算出碳排放和能源消耗等关键数据。例如，特斯拉通过应用数字孪生技术优化其电动汽车生产线，准确测算碳排放误差，减少了 64％的测算偏差。此外，数字孪生技术还使企业能够更加全面地披露其环境数据，提高了环境信息的透明度。特斯拉通过这种数字模型，提高了环境数据的披露完整性，使其在全球 ESG 评级中获得了更高的评价。这一技术不仅有助于提高企业的环境责任管理水平，还促进了企业在可持续发展领域的创新和进步。

区块链和数字孪生技术的应用，分别在提高供应链透明度、保障劳工权益和优化碳排放管理、提高环境数据透明度方面发挥了重要作用。通过这些先进技术，企业不仅能够提高社会和环境维度的 ESG 评分，还能够在激烈的市场竞争中通过创新和透明的运营获得更多的消费者信任和投资者支持。这些技术的应用和发展，标志着数字经济在推动企业可持续发展方面的巨大潜力和前景。

三、动态关联机制解析

（一）技术渗透的延迟效应

在数字经济蓬勃发展的当下，数字技术已成为企业转型升级的核心驱动力，其对企业 ESG 表现的影响备受关注。然而，数字技术对企业 ESG 表现的作用并非一蹴而就，而是呈现出显著的延迟效应与长期累积效应。深入探究这两种效应的形成机制与作用路径，对于企业科学规划数字化转型、实现可持续发展具有重要的理论与现实意义。

1. 数字技术影响企业 ESG 表现的延迟效应解析

数字技术应用对企业 ESG 表现产生延迟效应，这一现象可从技术扩散理论与企业管理变革视角进行深度解读。根据技术扩散理论中的 S 曲线模型，任何新技术从引入到实现规模化应用，均须经历认知、试用、推广和饱和四个阶段。数字技术的部署同样遵循这一规律，企业在引入数字技术时，首先需要进行技术选型与基础设施搭建，这涉及硬件设备采购、软件系统开发或引入等工作，往往需要耗费大量的时间和资源。例如，企业构建一套完整的智能生产管理系统，从需求分析、方案设计到系统上线，通常需要 6～12 个月的时间。

系统优化与数据整合环节进一步延长了数字技术发挥作用的周期。新引入的数字系统在初期运行时，往往存在兼容性不足、操作流程不顺等问题，企业需要通过不断的调试与优化，使其与现有业务流程深度融合。同时，数字技术的价值实现依赖于数据的有效支撑，企业需要对分散在各部门、各业务环节的数据进行收集、清洗、标准化和整合，构建统一的数据中台或数据仓库。这一过程不仅需要解决技术层面的数据接口问题，还须协调各部门之间的数据共享与协作，通常需要 3～6 个月甚至更长时间。

从企业管理变革角度来看，数字技术的应用往往伴随组织架构调整、业务流程再造和人员能力升级。员工对新技术的接受与掌握需要一个学习过程，企业需要投入大量精力开展培训，帮助员工适应新的工作模式和工具。此外，管理理念和决策方式的转变也需要时间，传统的经验驱动型决策向数据驱动型决策转型，要求企业建立新的决策机制和文化氛围，这些变革都无法在短期内完成。因此，数字技术对企业 ESG 表现的影响存在 12～18 个月的滞后期，是技术、管理等多因素共同作用的结果。

2. 数字技术投入对企业 ESG 表现的长期累积效应

尽管数字技术应用存在延迟效应，但持续的数字化投入将对企业的 ESG 表现产生显著的长期累积效应。根据资源基础理论，企业的可持续竞争优势源于其独特的资源与能力，而数字技术投入能够帮助企业积累数据资产、优化管理能力，形成新的核心竞争力。研究表明，连续三年数字化投入超过营业收入 3%的企业，其 ESG 评分年均复合增长率可达 8.7%，显著高于对照组的 3.2%。这一数据差异背后，蕴含着数字技术投入对企业 ESG 多维度的长期赋能。

在环境维度，数字技术通过智能监测与优化系统，实现对企业能源消耗、碳排放等环境指标的实时监控与精准管理。物联网传感器实时采集设备运行数据，结合人工智能算法进行能耗预测与优化调度，能够有效降低生产过程中的能源浪费。随着时间推移，企业在数字技术的持续作用下，逐步建立起绿色生产体系，实现碳排放强度持续下降，环境绩效不断提升。

在社会维度，数字化管理系统能够全方位提升员工体验与供应链管理水平。通过数字化办公平台，企业可以优化员工考勤、绩效评估、培训发展等管理流程，提升员工满意度与归属感；利用区块链技术构建透明可追溯的供应链管理体系，实现对供应商社会责任表现的实时监控，确保供应链各环节符合社会道德与合规要求。长期来看，这些数字化举措有助于企业树立良好的社会形象，增强社会认可度。

在治理维度，数字技术为企业带来了决策效率与透明度的双重提升。大数据分析技术能够整合内外部信息，为管理层提供全面、准确的决策依据，避免因信息不对称导致的决策失误；区块链技术的分布式账本特性，确保了企业财务、运营等信息的不可篡改与公开透明，增强了股东、投资者等利益相关者的信任。随着数字技术应用的不断深化，企业治理水平持续提升，形成良性循环。

3. 数字技术驱动企业 ESG 表现提升的动态机制

数字技术对企业 ESG 表现的延迟效应与累积效应，共同构成了一个动态发展的作用机制。在技术应用初期，延迟效应使得企业数字化投入难以在短期内转化为 ESG 绩效提升，这容易导致企业产生焦虑与质疑。但随着时间推移，当企业跨过技术应用的临界点，数字技术与企业业务深度融合，其对 ESG 各维度的赋能作用开始显现，并通过正反馈机制不断强化。

数字技术的持续应用促使企业积累大量数据，这些数据又成为优化数字技术模型与算法的基础，进一步提升数字技术的应用效果，形成“技术应用—数据积累—技术优化”的循环。例如，企业通过智能生产系统收集的能耗数据，可用于优化能源管理算法，使系统对能耗的预测与调控更加精准，从而进一步降低能耗，提升环境绩效。这种循环不断迭代，推动企业 ESG 表现持续提升，为企业在全球市场竞争中赢得可持续发展优势。

企业在推进数字化转型过程中，应充分认识数字技术对 ESG 表现的延迟与累积效应特性。在短期内保持战略定力，持续加大数字化投入；从长期着眼，建立科学的数字化管理体系，促进数字技术与 ESG 实践深度融合。通过这种方式，企业能够充分发挥数字技术的价值，实现 ESG 表现与企业价值协同增长，在数字经济时代的可持续发展道路上行稳致远。

（二）数据资产的乘数效应

在数字经济蓬勃发展的时代，数据已跃升为企业核心生产要素，深刻改变着企业的价值创造模式与治理范式。企业数字化转型进程中，数据资产的规模与质量不仅是衡量企业技术实力的重要指标，还成为驱动 ESG 表现提升的关键力量。这种驱动作用源于数据要素的独特属性与数字技术的深度融合，形成了“数据—算法—价值”的正反馈循环机制，重塑企业 ESG 管理的底层逻辑。

从经济学视角来看，数据资产具有非竞争性、可复制性和边际成本递减的特征，使其成为企业实现可持续发展的战略性资源。随着物联网、大数据、人工智能等技术日趋成熟，企业收集、处理和分析数据的能力不断增强，数据资产的价值也得以充分释放。研究表明，企业 ESG 数据资产规模每扩大 10 倍，其 ESG 评分提升速度将加快 2.3 倍，这一量化关系揭示了数据资产与 ESG 表现之间的强关联性。这种关联性背后，是数据资产在企业 ESG 管理中发挥的信息赋能、决策优化和价值创造功能。

在环境维度，数据资产为企业实现绿色发展提供了精准的决策依据。企业通过部署智能传感器、物联网设备等，能够实时采集生产过程中的碳排放、能源消耗、污染物排放等环境数据。这些海量数据经过清洗、整合和分析，可转化为可视化的环境绩效指标，帮助企业精准识别高能耗环节和污染源头。基于数据洞察，企业可运用机器学习算法构建能源消耗预测模型，提前优化生产计划，动态调整设备运行参数，实现能源的精细化管理。例如，通过分析历史生产数据与环境参数的关联性，企业能够制定更科学的能源调度策略，在保障生产效率的同时降低碳排放强度。这种数据驱动的环境管理模式，不仅有助于企业满足日益严格的环保法规要求，还能推动企业从被动合规向主动减排转型，实现环境效益与经济效益的双赢。

在社会维度，数据资产助力企业深化社会责任实践。企业通过收集供应链数据、员工行为数据、消费者反馈数据等，能够全面评估自身在社会责任领域的表现。在供应链管理方面，利用区块链技术实现数据的可追溯性，企业可实时监控供应商的劳工权益保障、安全生产等情况，避免因供应链环节的社会责任缺失给企业带来声誉风险。在员工关怀层面，通过分析员工绩效数据、培训记录、健康监测数据等，企业能够精准识别员工需求，制定个性化的福利政策和职业发展规划，提升员工满意度与忠诚度。此外，消费者行为数据的分析还能帮助企业更好地理解市场需求，开发符合社会价值导向的产品和服务，增强消费者对企业的认同感。

在治理维度，数据资产成为提升企业透明度和治理效率的关键工具。企业通过建立 ESG 数据中台，整合内部运营数据与外部监管数据，能够实现治理信息的标准化、规范化和实时化披露。借助自然语言处理技术，企业可自动生成 ESG 报告，提高信息披露的准确性和及时性。同时，数据资产的积累为企业构建智能风控体系提供了支撑。通过机器学习算法对海量治理数据进行模式识别，企业能够提前预警潜在的合规风险、经营风险和声誉风险，并制定相应的应对策略。这种数据驱动的治理模式，增强了企业决策的科学性和透明度，提升了投资者和利益相关者的信任度。

“数据—算法—价值”的正反馈循环机制，是数据资产驱动企业 ESG 表现提升的核心动力。随着数据量的持续增长，企业可基于这些数据不断优化算法模型，提高数据分析的准确性和预测能力。例如，通过强化学习算法，企业能够动态调整 ESG 管理策略，实现资源的最优配置；利用深度学习算法，企业可挖掘数据背后的潜在关联，发现 ESG 管理中的新机遇和新挑战。算法的优化又进一步提升了数据资产的价值，促使企业加大数据收集和处理的投入，形成良性循环。在这一过程中，企业不仅提升了 ESG 表现，还增强了自身在数字经济时代的核心竞争力。

企业在推进数字化转型时，需将数据资产的积累与管理提升到战略高度。这不仅要求企业完善数据治理体系，确保数据的真实性、完整性和安全性，还需加强数据人才培养和技术创新，提升数据处理和分析能力。同时，企业应建立数据驱动的 ESG 管理文化，将数据思维融入企业决策的各个环节，充分发挥数据资产在环境保护、社会责任履行和公司治理中的价值，实现企业可持续发展与社会价值创造的有机统一。

（三）风险传导的非对称性

在数字经济不断深入企业运营各环节的同时，数字安全风险也随之加剧。数字安全事件已从单纯的技术故障演变为影响企业环境、社会和治理（ESG）表现的关键因素，其对企业 ESG 评分的冲击远超传统社会责任危机或治理问题，成为企业可持续发展道路上不容忽视的挑战。

从风险特性来看，数字安全事件具有极强的破坏性和传导性。根据危机管理理论，突发事件对企业的影响程度与其涉及的利益相关者范围、信息传播速度以及事件本身的敏感性密切相关。数字安全事件不仅涉及企业内部的数据资产和运营系统，更直接关联到客户、合作伙伴、投资者等多方利益相关者的核心权益。一旦发生数据泄露、网络攻击等事件，企业在治理维度的漏洞将被暴露无遗，尤其是在数据隐私保护、系统安全防护、合规性管理等方面的缺陷，会引发监管机构、社会公众的高度关注。研究显示，数字安全事件对企业 ESG 评分的负面影响是传统 ESG 危机的 2.1 倍，这种非对称的冲击效应源于数字安全问题的特殊性和复杂性。

在治理（G）维度，数字安全事件直接冲击企业的核心管理体系。企业的数字安全防护能力是其治理水平的重要体现，数据泄露等事件的发生，本质上反映出企业在安全策略制定、技术架构设计、人员管理培训等方面存在系统性漏洞。当此类事件曝光后，企业的治理评分会在短时间内急剧下降。这不仅因为事件本身违反了数据保护法规和行业标准，更在于其暴露了企业内部管控的失效。从信息披露角度看，企业未能有效保护利益相关者的数据安全，违背了透明度原则，导致投资者和市场对其治理能力产生严重质疑。而治理评分的恢复是一个长期且复杂的过程，企业需要投入大量资源进行系统升级、流程再造和制度完善，同时还要应对监管调查和法律诉讼，这些都进一步拉长了修复周期。

数字安全事件对企业声誉的损害具有显著的放大效应。在社交媒体和数字传播高度发达的今天，信息以指数级速度扩散。一旦发生数字安全事件，负面消息会迅速占据舆论焦点，引发社会公众的广泛关注和担忧。与传统危机相比，数字安全事件涉及个人隐私、商业机密等敏感信息，更容易触动社会神经，导致企业品牌形象遭受重创。客户因担忧数据安全选择终止合作，投资者因信心受挫抛售股票，这些连锁反应不仅影响企业的短期财务表现，还会对其长期发展战略造成阻碍。企业需要花费大量时间和成本进行声誉修复，包括发布公开声明、加强信息沟通、重塑品牌形象等，但重建信任的过程往往漫长而艰难。

从资本市场表现来看，数字安全事件会引发强烈的负面反应。投资者在评估企业价值时，越来越重视 ESG 因素，而数字安全问题作为 ESG 风险的重要组成部分，直接影响企业的市场估值。研究表明，发生数字安全事件的企业，其股票价格在事件曝光后的短期内通常会出现显著下跌，且后续的股价回升速度明显慢于未发生此类事件的企业。这种市场反应不仅源于投资者对企业短期财务损失的担忧，还反映出他们对企业长期发展能力和风险管理水平的质疑。企业的融资成本也会因数字安全事件的发生而上升，金融机构会重新评估其信用风险，提高贷款利率或收紧授信额度，进一步增加企业的运营压力。

此外，数字安全事件的影响具有持续性和扩展性。一次数据泄漏事件可能引发连锁反应，导致企业面临多重危机。例如，数据泄漏可能引发监管处罚、法律诉讼和客户索赔，同时还会影响企业与合作伙伴的关系，破坏整个商业生态系统的信任基础。而且，随着数字技术的不断发展，新的安全威胁和攻击手段层出不穷，企业需要持续投入资源进行安全防护体系的升级和完善，这对企业的资源配置和战略规划提出了更高要求。

数字安全事件已成为影响企业 ESG 表现和可持续发展的关键风险因素。其对企业

ESG 评分的非对称影响、对声誉的严重损害以及在资本市场引发的负面反应，都凸显了加强数字安全管理的重要性和紧迫性。企业必须将数字安全纳入 ESG 战略的核心，建立健全的安全管理体系，提升风险防范和应急处理能力，以应对数字时代的安全挑战，维护企业的长期价值和社会公信力。

第五章　ESG 表现与企业价值的关系分析

第一节　ESG 表现对企业价值的影响机制

一、ESG 表现影响企业价值的基础路径分析

（一）声誉资本积累机制

企业在追求可持续发展和积极履行社会责任时，ESG（环境、社会、治理）表现往往直接影响其市场价值与品牌形象。通过一系列内外部机制的相互作用，企业可以通过改善其 ESG 表现，不仅能够提升自身的社会声誉，还能在资本市场、消费者心目中形成独特的竞争优势。首先，企业在履行环境责任、社会责任和治理结构优化等方面的努力，能够塑造出“负责任企业”的形象，这种形象的形成会促进正向的声誉资本积累，进而在竞争激烈的市场环境中脱颖而出。

例如，巴塔哥尼亚（Patagonia）作为一个致力于环保和社会责任的品牌，在消费者中积累了广泛的忠诚度。该品牌不仅通过环保材料的使用和可持续生产方式展示了其环境责任，还在公益事业上作出了大量贡献。巴塔哥尼亚的成功表明，企业通过持续的 ESG 实践能够有效增强品牌溢价，在市场中占据有利位置。消费者愿意为那些负责任的企业支付溢价，愿意购买更多符合其价值观的产品，形成了品牌忠诚度和消费者支持的良性循环。

此外，高 ESG 评级企业往往能赢得政府、社区、员工等利益相关方的支持。政府可能会对这些企业提供更多的政策优惠、税收减免或激励措施，从而降低企业面临的政策风险和成本。社区对企业的支持能够增强企业与当地社会的和谐关系，减少社会冲突和运营摩擦。而员工则会因为企业的高社会责任表现，增强对企业的认同感与归属感，降低员工流失率，并减少因劳资纠纷带来的损失。通过强化企业与利益相关方的信任，企业能够有效地降低各种运营风险，如环保罚款、罢工损失等，进一步提高其整体经营效率和长期可

持续发展能力。

（二）投资者信心传导机制

企业的ESG表现不仅影响其市场声誉和品牌价值，还能直接影响其融资和投资吸引力。随着全球资本市场日益关注可持续发展，投资者对企业的ESG表现给予越来越高的重视，特别是长期投资者，如ESG主题基金和养老金基金，更倾向于投资那些在环境、社会责任和治理方面表现优异的企业。这些企业被视为更具长期稳定性和可持续发展潜力的投资标的，从而吸引大量长期资本的流入。

研究数据显示，MSCI的报告指出，高ESG评级的公司在股市中的表现通常更加稳健，股价波动率平均低于行业基准的15%。这一数据表明，投资者更倾向于将资金投入那些在ESG方面表现突出的企业，因为这些企业通常能够更好地应对环境变化和市场不确定性，具有较强的抗风险能力。此外，随着投资者对ESG的关注不断提升，企业通过展示出良好的ESG实践，可以减少投资者对其未来增长和潜在风险的担忧，从而提高公司估值和吸引更多资金。

从融资角度来看，ESG表现良好的企业能够享受更低的融资成本。近年来，绿色债券、社会责任债券等ESG关联金融工具的市场日渐活跃，企业在发行这些债券时，可以获得更具竞争力的利率。由于这些金融工具的发行目的是推动可持续发展项目和解决社会问题，投资者普遍视其为低风险、回报稳定的投资选项，因此，发行绿色债券的企业通常能够在市场上获得更低的融资成本。同时，银行等金融机构在信贷审批过程中，越来越注重企业的ESG表现，尤其是像"赤道原则"这样的全球性金融风险管理框架，要求金融机构在贷款过程中考虑环境和社会影响因素。这使得在ESG方面表现较好的企业，在获得信贷资金时，能更容易得到审批且融资条件更为优惠。

二、数字经济对ESG价值传导机制的动态影响

（一）数据透明度提高放大ESG信号效应

在数字经济深度渗透的进程中，企业ESG表现的透明度建构与舆论生态演变已成为影响企业价值的核心变量。数字化技术通过重构信息生产与传播机制，既推动ESG数据披露从"合规性披露"向"价值性披露"转型，又通过社交媒体重塑公众参与ESG监督的行为范式，形成技术赋能与舆论驱动的双重变革力量。这种变革不仅改变了企业ESG实践的评估逻辑，还重塑了资本市场与社会公众对企业价值的认知框架。

1. 区块链技术驱动ESG信息披露的范式革新

区块链技术的分布式账本特性从根本上解决了ESG数据披露中的信任困境。传统ESG信息披露模式下，企业数据采集的碎片化、加工的主观性及披露的滞后性，导致利益

相关者面临严重的信息不对称。而区块链通过哈希算法、共识机制和智能合约的协同作用，构建了“数据上链—共识验证—智能执行”的全流程可信体系。在环境维度，企业碳足迹数据可通过物联网传感器实时上链，依托区块链的不可篡改特性实现从原材料采购、生产加工到物流运输的全生命周期追溯。这种技术架构使碳排放数据的采集频率从传统年报的“年度级”提升至“分钟级”，误差率降低至 1.2%以下，远优于传统统计方法 5%～8%的误差区间。

智能合约技术进一步优化了 ESG 数据的验证机制。通过将环保标准、劳工权益等 ESG 指标转化为代码化的合约条款，系统可自动比对企业实际运营数据与合规要求，实时触发预警或奖惩机制。例如，在供应链管理中，智能合约可根据供应商的环保合规数据自动调整合作优先级，当某供应商的污染物排放数据连续三天超过阈值时，合约将自动暂停采购流程并启动替代方案。这种“代码即法律”的治理模式，将 ESG 合规管理从事后审计转向事前预防，使企业 ESG 风险响应速度提高 40%～60%。

综合性 ESG 评级平台的技术迭代强化了数据的整合与分析能力。以 Wind ESG 评级为代表的大数据平台，通过自然语言处理技术解析企业年报、监管公告等非结构化数据，结合卫星遥感、物联网等实时监测数据，构建多维度的 ESG 评估模型。平台采用机器学习中的随机森林算法，对 500 多项 ESG 指标进行权重动态调整，使评级结果对企业价值的解释力从传统模型的 32%提升至 58%。这种技术驱动的评级体系不仅为投资者提供了更精准的决策依据，还通过“数据—评级—投资”的传导机制，引导资本向 ESG 表现优异的企业流动，形成市场层面的正向筛选机制。

2. 社交媒体重构 ESG 舆论的传播动力学机制

社交媒体平台的网状传播结构打破了传统媒体的信息垄断，使 ESG 舆论呈现“爆发式扩散”与“极化式演进”的新特征。根据传播学中的“六度分隔理论”，ESG 事件在微博等平台的传播路径可在数小时内触达千万级用户，而负面事件的传播速度比正面信息快 3.2 倍。这种传播效率的提升源于平台的算法推荐机制——当某条 ESG 负面信息的互动率超过阈值时，算法会自动将其推入更广泛的用户信息流，形成“热点强化一流量倾斜”的正反馈循环。例如，某企业环保违规事件在微博平台的传播中，通过大 V 转发、话题聚合等机制，可在 24 小时内产生超过 500 万条相关讨论，舆情声量相当于传统媒体时代一周的传播总量。

公众参与 ESG 监督的技术赋权效应催生了“全民监督”的新范式。数字技术降低了舆论参与的门槛，普通用户可通过手机 App 实时上传企业 ESG 违规线索，如污染排放照片、劳工权益受损视频等，这些用户生成内容（UGC）通过区块链存证后可成为监管机构的执法依据。这种“技术赋能＋公众参与”的监督模式，使企业 ESG 风险的发现时间从传统监管的平均 217 天缩短至 38 天。从社会心理学视角看，社交媒体的匿名性与群体极化效应，还会放大 ESG 事件的舆论冲击力。

舆情大数据分析技术为企业 ESG 危机管理提供了新工具。通过构建包含 10 万多个舆情关键词的语义网络，企业可实时监测 ESG 相关话题的情感倾向与传播路径。当发现某 ESG 指标的负面讨论量在 24 小时内增长超过 150%时，系统会自动触发三级预警机制：一级预警启动内部核查，二级预警部署舆情引导，三级预警激活高管响应流程。这种基于机器学习的预警模型，使企业 ESG 危机响应的决策时间从传统的 48 小时缩短至 8 小时，危机处理成本降低 35%以上。同时，通过分析历史舆情数据，企业还能识别出 ESG 议题的“敏感触发点”，如某行业的碳排放数据每增加 10%，社交媒体负面情绪指数会相应上升 22%，从而提前调整运营策略以规避舆论风险。

3. 技术透明化与舆论生态的协同演化对企业价值的影响路径

数字化透明度与社交媒体舆论的交互作用，形成了推动企业 ESG 改进的“双轮驱动”机制。一方面，区块链等技术提升了 ESG 数据的可信度，使企业无法通过“漂绿”（Greenwashing）等手段美化 ESG 表现；另一方面，社交媒体舆论放大了 ESG 行为的社会影响，使企业必须将 ESG 理念真正融入战略决策。这种协同效应在资本市场产生显著的“ESG 溢价”——研究表明，在数字化透明度高且舆情管理能力强的企业中，其 ESG 评分每提升 1 分，企业市值波动率降低 12%，股权融资成本下降 8～15 个基点。

从企业治理角度看，这种变革推动 ESG 管理从“被动应对”转向“主动引领”。企业通过建立“数字孪生”ESG 管理系统，将物理世界的运营数据映射到虚拟空间，实现 ESG 绩效的实时模拟与优化。

在社会价值层面，数字化透明度与舆论监督的结合促进了 ESG 理念的全民普及。通过区块链浏览器，公众可自主查询企业的 ESG 数据；借助社交媒体话题互动，普通用户能参与 ESG 标准的讨论与完善。这种“技术民主＋舆论民主”的融合，使 ESG 从企业的自愿性实践逐步演变为社会共识。数据显示，在数字化透明度高的国家，公众对企业 ESG 表现的关注度每年提升 15～20 个百分点，推动更多投资者将 ESG 指标纳入投资决策，形成“社会关注—资本流入—企业改进”的良性循环。

数字经济时代，ESG 透明度的技术革新与舆论生态的重构，正在重新定义企业价值的内涵与评估方式。企业唯有将数字化技术深度融入 ESG 管理全流程，同时建立与社交媒体舆论的良性互动机制，才能在提升 ESG 表现的同时，实现企业价值的可持续增长。这种变革不仅是技术层面的升级，还是企业治理理念与社会关系的根本性重构，将深刻影响全球经济的可持续发展进程。

（二）利益相关者参与模式重构

在数字经济深度渗透的现代商业环境中，利益相关者参与企业发展的模式正经历前所未有的深刻变革。消费者、投资者、政府及监管机构等主体借助数字化工具，以更主动、更智能的方式参与到企业决策与监督过程中，这种转变不仅重塑了企业与利益相关者的互动关系，还推动企业将 ESG 理念深度融入战略核心，加速企业向可持续发展转型。

1. 消费者数字化参与驱动企业 ESG 产品与供应链革新

数字技术的发展使消费者偏好表达呈现出数字化、实时化和精准化的特征。在电商平台、社交媒体等数字化渠道上，消费者的每一次点击、评价、分享行为都转化为可量化的数据，这些数据构成了企业洞察市场需求的“数字指纹”。根据消费者行为理论，消费者的选择本质上是对产品价值的投票，而数字化时代的消费者行为数据，为企业解码这种价值偏好提供了前所未有的可能。通过自然语言处理技术对消费者评论进行情感分析，企业可以识别产品在环保性能、社会责任履行等方面的优势与不足；利用大数据挖掘技术分析绿色产品搜索趋势，能够预判市场对低碳、可持续产品的需求走向。

这种数字化的消费者反馈机制，促使企业从被动适应市场转向主动引领需求。在产品设计环节，企业依据消费者对环保材料、低碳工艺的关注，将 ESG 理念融入产品全生命周期。例如，通过分析消费者对产品包装可持续性的评论，企业可采用可降解材料替代传统塑料包装；基于消费者对产品碳足迹的关注，开发碳标签系统以增强产品环保透明度。在供应链管理方面，企业借助数字化工具实现对供应商的 ESG 绩效评估与动态监控。通过建立供应商 ESG 数据共享平台，实时追踪原材料采购、生产加工等环节的环境影响与社会责任履行情况，推动供应链向绿色化、责任化方向转型。这种基于消费者数字化反馈的战略调整，不仅满足了市场对 ESG 产品的需求，还通过提升产品差异化竞争力，为企业创造新的价值增长点。

2. 投资者决策智能化重塑企业 ESG 价值发现路径

AI 技术的发展，正在重构投资者的决策逻辑与价值评估体系。传统投资决策中，财务指标占据主导地位，而 AI 驱动的 ESG 评分系统打破了这一局限，将环境风险、社会责任、公司治理等非财务因素纳入量化分析框架。该系统通过机器学习算法对海量企业数据进行深度挖掘，构建多维度的 ESG 评估模型，能够精准识别企业在 ESG 领域的潜在风险与价值机遇。例如，通过分析企业碳排放数据与行业减排目标的差距，评估其环境风险等级；利用文本分析技术解读企业年报中 ESG 信息披露的完整性与真实性，判断其治理水平。

在资本市场实践中，AI 驱动的 ESG 评分系统已成为投资者筛选标的、制定策略的重要工具。量化投资领域，高频交易和算法交易模型开始将 ESG 评分作为关键参数，在追求短期收益的同时兼顾企业长期可持续发展价值。研究表明，纳入 ESG 因素的投资组合在长期表现中展现出更强的抗风险能力和价值增长潜力。这种投资逻辑的转变，促使企业更加重视 ESG 表现的提升，通过优化环境管理、加强社会责任履行、完善公司治理结构，提高自身在资本市场的吸引力。同时，投资者对企业 ESG 表现的关注，也形成了市场对企业可持续发展的正向激励机制，推动资本向 ESG 表现优异的企业流动，实现资源的优化配置。

3. 政府与监管机构数字化监管推动企业 ESG 合规与创新

在全球可持续发展目标的引领下，政府与监管机构正通过数字化手段强化对企业 ESG 表现的监督与引导。各国陆续出台的 ESG 信息披露强制政策、碳排放标准、社会责任法规等，构建起日益严格的监管框架。同时，监管机构借助大数据、区块链等技术，建立智能化的监管平台，实现对企业 ESG 数据的实时采集、动态监测与智能预警。例如，通过区块链技术确保企业 ESG 报告数据的不可篡改与可追溯性，利用大数据分析技术对企业碳排放数据进行交叉验证，提升监管效率与准确性。

这种数字化监管模式不仅提高了企业的合规成本，更倒逼企业加强 ESG 管理体系建设。企业需要投入资源建立符合监管要求的 ESG 数据管理系统，提升信息披露的质量与透明度；同时，通过技术创新与管理优化，降低环境风险，履行社会责任，以满足监管要求。从长远来看，数字化监管压力也成为企业创新的动力源泉。企业通过研发绿色技术、优化生产工艺、探索可持续商业模式，在实现合规经营的同时，开辟新的增长空间，提升全球市场竞争力。

4. 利益相关者协同参与构建企业 ESG 发展生态

消费者、投资者、政府及监管机构等利益相关者的数字化参与，共同构成了推动企业 ESG 发展的协同生态系统。消费者的数字化反馈为企业指明产品与服务的改进方向，投资者的智能化决策为企业提供可持续发展的资本支持，政府与监管机构的数字化监管为企业划定合规边界，三者相互作用、相互促进。在这一生态系统中，企业作为核心主体，通过数字化技术实现与利益相关者的高效互动，将外部压力转化为内部发展动力。

这种协同参与模式不仅提升了企业的 ESG 表现，更推动企业价值创造模式的转型升级。企业通过满足利益相关者对 ESG 的诉求，增强品牌美誉度与社会认可度，降低运营风险，吸引长期资本投入，最终实现经济效益与社会效益的双赢。随着数字技术的不断创新，利益相关者参与模式将持续演进，企业需要不断优化 ESG 战略，加强数字化能力建设，在动态变化的市场环境中，构建可持续发展的竞争优势。

三、机制变化的挑战与应对策略

（一）ESG“漂绿”风险加剧

在数字经济时代，ESG“漂绿”风险越加显著，特别是一些企业在信息披露和碳中和等环保措施上可能通过信息不对称的手段，虚假或误导性地包装自己的 ESG 表现。利用数字平台，企业能够轻松地发布带有“绿色”标签的产品或行为，但由于缺乏有效的监管和第三方认证，消费者和投资者可能被误导，导致信任危机的加剧。这种现象不仅侵蚀了市场的公平竞争环境，也严重损害了真正进行可持续发展实践的企业的利益。

为应对这一挑战，强化第三方认证的作用显得尤为重要。例如，TüV 认证作为全球公认的第三方认证机构，其在 ESG 领域的角色越来越重要。企业需要通过透明且客观的认证程序来证明自己的环保和社会责任承诺，避免虚假宣传的产生。同时，监管科技的应用提供了有效的解决方案，通过大数据、区块链、人工智能等技术手段，能够实现实时监控和自动化的合规性检查。这不仅有助于提高监管透明度，还能够为企业和消费者建立起更加可信的 ESG 信息流通机制。

越来越多的监管机构开始要求企业遵循更加严格的 ESG 披露标准，并加强对企业是否符合环保承诺的审查。这些举措促使企业从"漂绿"行为中减少风险，以确保其 ESG 实践在实际运营中得到兑现。如果企业仅仅停留在表面宣传上，而未能进行实质性的环境和社会改进，最终将面临监管罚款、品牌信誉受损等后果，甚至会影响到投资者和消费者的信任。

因此，在数字经济和信息化程度日益提高的今天，采取透明、可核查的第三方认证机制，并结合先进的监管科技，是确保企业真正实现可持续发展和避免 ESG"漂绿"风险的有效路径。这不仅有助于社会建立一个公平透明的市场环境，也将推动整个行业朝着更加绿色和负责任的方向发展。

（二）技术赋能下的治理升级

在技术赋能下，企业的治理结构和实践不断升级，尤其是在 ESG（环境、社会、治理）管理方面，数字化平台的应用正发挥着日益重要的作用。构建 ESG 数字化管理平台，如腾讯云的 ESG 解决方案，能够有效整合不同来源的数据，包括环境传感器收集的实时排放数据、供应链的审计记录、员工福利数据等，从而为企业提供一个全面、动态的 ESG 绩效监控系统。这种集成化平台不仅使企业能够实时追踪各项环境指标和社会责任承诺的进展，还能帮助管理层做出更加精准和及时的决策。

通过数字化管理平台，企业能够建立起全面的 ESG 数据闭环管控机制。例如，环境传感器可以实时监测排放量、能源使用情况和废弃物处理等关键环境指标，确保企业能够在第一时间发现问题并采取应对措施。而供应链审计数据的整合，使企业不仅能监督自身的运营，还能确保供应商是否符合可持续发展要求，避免由于上游或下游合作伙伴的 ESG 失误而影响自己的 ESG 评级。这种全链条的监控，不仅为企业提高了透明度，还为投资者和消费者提供了信心，从而提高了企业的信誉和市场竞争力。

技术赋能的 ESG 数字平台也能够通过自动化数据分析和预测模型帮助企业在未来的 ESG 绩效管理中更加高效。例如，借助 AI 技术和大数据分析，平台可以对企业的能源消耗、排放情况等进行趋势预测，提前发现潜在的风险点，避免因环境法规的变化或社会舆论的压力而受到重大损失。通过这些高效的技术手段，企业不仅能更好地履行其社会责任，还能在全球竞争日益激烈的市场中占据有利位置。

第二节 案例企业 ESG 表现与企业价值的关联性分析

一、案例企业选取与 ESG 实践特征

（一）案例企业筛选标准

在筛选案例企业时，首先，需要考虑其行业代表性，确保所选企业能够代表不同领域的 ESG 实践。具体包括选择那些来自高污染行业的企业，如能源领域的公司，这类企业在减少碳排放和环保措施上的挑战较大，ESG 表现也具有显著的行业标杆性。其次，需要涵盖那些高社会责任敏感的企业，如互联网平台，这类企业不仅需要面对严格的社会责任要求，还必须处理大量的用户数据隐私问题，ESG 实践尤为复杂。最后，高治理复杂度的跨国制造企业也应当纳入分析范围，因为它们的业务覆盖广泛，涉及多个国家和地区，治理结构和 ESG 合规要求往往更加繁杂。

在数据可得性方面，优先选择那些能够披露完整、透明的 ESG 报告的企业，这些企业通常会提供详细的环境、社会和治理数据，从而使得分析更加准确和深入。例如，选择那些在 MSCI 等评级机构中获得 A 级以上评级的企业，可以确保所选企业在 ESG 方面具备较为扎实的基础，且其数据经过权威机构的验证，能够为分析提供可靠的依据。上市满 5 年的企业是优选对象，因为这些企业具有较长的历史数据，能够提供连续性较强的 ESG 表现记录，便于进行趋势分析和深入挖掘。

在具体的企业选择上，宁德时代作为新能源领域的代表，因其在绿色能源产业中的影响力和技术创新，成为分析的重要对象。阿里巴巴作为数字经济的代表，不仅在商业模式上具有领先性，其在社会责任和数据治理方面的实践也尤为引人注目。特斯拉作为高端制造业的领军企业，其在环保技术和可持续发展方面的努力，尤其是在电动汽车产业中的碳排放控制措施，提供了丰富的案例数据。联合利华则代表了快消品行业，其在供应链管理和可持续生产方面的举措，尤其是在材料回收和减少塑料使用方面的成功经验，也为 ESG 表现分析提供了宝贵的参考。

通过这些具有代表性、数据可得性强的企业案例，可以深入探讨不同行业在 ESG 实践中的挑战与成功经验，进一步揭示数字化转型、绿色创新、社会责任等方面的影响因素及其背后的规律，助力企业和政策制定者在未来的 ESG 实践中做出更加精准和有效的决策。

（二）典型企业 ESG 实践对比

在环境维度（E）的 ESG 实践中，宁德时代采取了一系列措施推动绿色制造，其“零碳工厂”计划设定了到 2025 年全面实现碳中和的目标。通过改进生产流程和提高能源效率，宁德时代已经在 2023 年实现了单位产能能耗同比下降 18%的成果，这不仅符合行业绿色发展趋势，也助力公司获得了地方政府的税收减免优惠。这些环境效益不仅体现在公司的节能减排目标上，也为其增强了与地方政府的合作关系，并通过提升品牌的绿色形象赢得了市场认同。而与之形成对比的是特斯拉，尽管该公司在电动汽车领域具有领先地位，其在环境管理方面的表现却因供应链碳排放问题面临一定的挑战。例如，特斯拉因印度尼西亚镍矿开采中的环境争议，导致供应链碳排放超标，最终影响其 ESG 评级。2022 年，特斯拉的标普 ESG 评分下降了 17%，反映出供应链管理中的环保措施仍需进一步加强。

在社会维度（S）的 ESG 实践中，阿里巴巴通过其“乡村振兴计划”将数字化赋能带到中小商户和农户，进一步推动了社会责任的履行。该计划不仅帮助 100 万农户实现了数字化转型，还通过提供培训和技术支持，提高了农户的生产效率和收入水平。这一行动大大增强了阿里巴巴的社会责任感和平台的社会价值认同，进一步强化了公司与消费者、社区之间的联系。通过这样的举措，阿里巴巴不仅提高了自身品牌形象，还产生了更广泛的社会效益。

在治理维度（G）的 ESG 实践中，联合利华则通过设立独立的 ESG 委员会并将高管薪酬与减塑目标挂钩，进一步增强了其治理结构的透明度和执行力。特别是在减少塑料包装的目标上，联合利华在 2023 年成功地减少了 32%的塑料包装，表明公司在可持续发展方面的治理措施已取得显著成效。此举不仅提升了公司在投资者和消费者眼中的信任度，还为其未来的可持续发展奠定了更坚实的基础。

这些典型企业在环境、社会和治理三个维度的不同实践，为我们提供了一个多元化的视角，反映出各行业在面对 ESG 挑战时的不同策略和应对方式。尽管在不同维度上表现各异，这些企业通过精细化管理和明确的目标设定，逐步实现了 ESG 价值的提高，并为其他企业提供了可借鉴的经验。

二、ESG 表现与企业价值的关联性实证分析

（一）正向关联案例

在正向关联的案例中，宁德时代通过其在环境可持续性方面的创新获得了显著的市场价值提高。宁德时代的 ESG 行动之一是在动力电池回收技术方面的投入，其金属回收率超过了 95%，这一成就使其在环保领域取得了重要突破。特别是，随着欧洲市场对电池回

收要求的不断提高，宁德时代凭借这一技术优势，抢占了欧盟《新电池法案》合规的先发优势。这种先发优势不仅强化了其在全球市场的竞争力，还提高了其在ESG方面的认可度。2021—2023年，随着ESG评级的提高，宁德时代的境外订单占比从24％增长到39％，说明其在全球市场中的影响力和需求有所上升。此外，公司股价的涨幅超过了行业均值26％，反映出投资者对其可持续发展和创新能力的认可，从而实现了估值溢价。

阿里巴巴则展示了如何通过其社会责任项目驱动商业生态的进一步发展。阿里巴巴在社会维度的ESG行动中，通过“蚂蚁森林”等公益项目成功地积累了巨大的用户黏性。截至2024年，已有超过5亿用户参与这一项目，展示出平台在社会责任方面的深入渗透。这不仅为阿里巴巴带来了品牌形象的提升，还为其商业运营提供了强有力的反哺作用。通过绿色产品的推广与消费，阿里巴巴在淘宝平台的绿色商品年GMV（商品交易总额）增幅达到了45％。这不仅促进了阿里巴巴的商业收入增加，还强化了其在绿色消费趋势中的引领作用，进一步巩固了其在ESG领域的战略优势。

以上两个案例展示了ESG行动如何通过正向关联提高企业的估值、市场份额和商业生态。宁德时代通过技术创新和合规先发优势，阿里巴巴则通过社会责任项目反哺其商业模式，均体现了良好的ESG表现能在多维度上带来长远的财务价值和品牌价值提高。

（二）负向关联案例

元平台公司（Meta platforms，Inc.）的案例则展示了治理缺陷如何直接导致企业价值的缩水。元平台公司在治理维度上的重大失误发生在数据隐私泄露事件中，特别是在剑桥分析事件曝光后，这一事件不仅暴露了平台在数据保护方面的巨大漏洞，还引发了公众对其隐私保护政策的广泛质疑。由于这一事件，元平台公司的ESG评级被大幅下调至CCC，反映出其在环境、社会和治理（ESG）方面的综合表现严重受到影响。

该事件对元平台公司的财务与品牌造成了深远的冲击。市值蒸发是最直接的影响之一，事件曝光后，元平台公司的市值单日蒸发360亿美元，这标志着公司在资本市场上的信任度和吸引力急剧下降。投资者对其治理透明度和企业社会责任的担忧，导致大规模的抛售。与此同时，元平台公司的用户增长率也受到了严重影响，连续3个季度的用户增长率下滑进一步证明了公众对公司治理缺失的失望。这不仅是股价的短期波动，更是品牌信誉的长期损害。

元平台公司的这一案例深刻反映了企业治理缺陷对公司长远发展的影响。尤其在数字化时代，企业面临更为严格的社会责任要求和监管，数据隐私问题已经成为全球消费者和投资者关注的核心问题之一。元平台公司的遭遇提醒其他企业，治理结构和合规措施的缺失不仅会影响公司在公众中的形象，还可能引发长期的财务损失与市场份额下降，进而在激烈的全球竞争中丧失领先地位。因此，企业需要在ESG实践中不断加强治理透明度、加强数据隐私保护，才能避免类似的治理危机对品牌价值和市场表现的负面影响。

三、数字经济背景下关联性的新特点

（一）数据透明度强化关联强度

实时反馈效应是数字化和社交媒体时代一个显著的现象。特斯拉的 ESG 争议，如柏林工厂砍伐森林的事件，正是这一效应的一个鲜明例子。社交媒体，尤其是 TikTok，在短时间内就能将相关信息广泛传播，迅速引发公众舆论的反应。例如，关于特斯拉柏林工厂争议的话题播放量超过 2 亿次，这种信息扩散的速度和范围大大增强了舆论的影响力。在这种情境下，负面的公众关注和争议情绪直接传导至资本市场，特斯拉的股价在事件发生后的单周跌幅达 12%，充分显示了社交媒体的强大舆论力量。社交媒体平台不仅加速了信息的流动，同时也使投资者的情绪和市场反应变得更加敏感。企业在这类危机中受到的财务损失，不仅是股价的下跌，还可能在长期内影响品牌忠诚度与公众形象。

另外，动态化调整策略的应用使企业能够实时应对市场与消费者需求的变化。阿里巴巴通过对用户行为的精确追踪和数据分析，能够迅速反映市场的 ESG 需求变化。例如，基于用户在平台上的搜索数据，阿里巴巴发现“碳中和商品”搜索量年增长 210%，这直接影响了公司在资源配置上的决策。基于这一洞察，阿里巴巴能够动态调整其 ESG 策略，优化绿色产品的供应链配置与研发投入，从而提高其资源使用效率和投入产出比。这不仅帮助阿里巴巴在竞争中保持领先，同时也加强了其品牌在绿色消费领域的市场认同。通过对数据的深度挖掘与实时反应，企业能够实现灵活调整，在动态变化的市场环境中有效捕捉新的商业机会，同时提升其整体的 ESG 表现和财务回报。

（二）技术赋能下的非线性关联

数字化工具的杠杆效应在现代企业 ESG 实践中展现了强大的潜力。以宁德时代为例，该公司通过人工智能（AI）优化了电池回收流程，使回收过程中的成本降低了 30%。这不仅提高了生产效率，还减少了资源浪费，并有效地支撑了公司在可持续发展方面的努力。AI 技术的引入，使宁德时代能够更加精准地管理废旧电池的回收与再利用，进而提高了资源的回收率和循环使用率。而这一技术改进的实际经济效益，转化为直接的成本节约和效益提高。企业在将 ESG 目标与商业效益对接时，能够明显缩短投入与回报的周期，从而在较短时间内看到实际的回报。例如，宁德时代通过这一技术改进，ESG 投入转化为经济效益的周期缩短了 50%。这种数字化工具的应用，不仅让企业的 ESG 活动更加高效，还能够帮助企业降低长远的运营成本，提高其整体的市场竞争力。

然而，数字化技术的快速发展也带来了新的风险，尤其是数据安全与 ESG 的耦合风险。以滴滴出行为例，该公司在进行全球扩张时，因未能有效遵守跨境数据传输合规要求，特别是在治理（G）维度方面的缺陷，导致触发了监管机构的严格审查。这不仅涉及数据保护与隐私问题，还与企业的跨境运营合规性息息相关。随着全球各国对数据隐私和安全要求日益严格，企业若未能遵守相关法规，不仅可能面临高额罚款，还可能遭遇监管层面的限制，这直接影响到企业的市场表现和股东信任。例如，滴滴出行由于此问题而遭遇了上市估值缩水 60%，直接影响了其在资本市场的表现与投资者的信心。这一案例表明，在全球化运营的过程中，企业需要在推动数字化转型的同时，时刻关注数据安全的合规风险，确保其 ESG 实践与合规要求相匹配，以避免在国际竞争中遭遇重大损失。

四、关联性分析的挑战与启示

（一）干扰变量识别难题

干扰变量识别难题是当前企业在评估 ESG（环境、社会、治理）表现对其价值影响时面临的重要挑战。企业在进行 ESG 绩效分析时，往往面临多个外部因素的干扰，这些因素可能在短期内对企业的财务表现和市场评价产生显著影响。例如，新能源行业的企业可能会因补贴政策退坡而面临较大的营收压力，导致企业在某一时期的股价波动，并非完全由其 ESG 行动所驱动。同样，宏观经济因素如美联储加息等金融政策的变化，也可能对企业的股价和融资成本产生直接影响。这些外部因素往往会掩盖 ESG 实践对企业长远价值的真正贡献，使得在进行 ESG 分析时，很难单纯地将其影响因素与其他宏观或行业周期性变化剥离开来。

为了应对这一挑战，企业和学术界通常会采用一些经济学和计量模型来剖析这些干扰变量的影响。双重差分模型（DID）就是其中一种常用的方法，尤其在政策变动或某些特定时间点发生的外部事件对企业产生影响时，DID 模型通过对比受影响组和对照组在政策实施前后的表现差异，从而剥离出特定变量（如 ESG 行动）对企业价值的独立贡献。通过这种方法，可以有效地控制那些由于行业周期或宏观经济波动引起的外部干扰，进而精准衡量 ESG 表现对企业财务和市场表现的实际影响。

然而，即使有了如双重差分这样的计量方法，干扰变量识别的难题依然存在。因为在有些情况下，行业的结构性变化、消费者行为的转变或社会对某些 ESG 议题的关注度突然上升，都可能成为难以量化的外部变量，这会进一步增加数据解读和因果关系推导的复杂性。因此，在进行 ESG 相关研究时，除了依赖数学模型外，深入理解行业和宏观经济环境的背景、结合定性分析与量化方法，也成为确保研究结论准确性的必要步骤。

（二）数字经济下的策略建议

在数字经济蓬勃发展的时代背景下，企业所处的竞争环境发生了根本性转变。ESG 表现与数字化转型已成为决定企业长期竞争力的核心要素。在此情境下，构建 ESG—数字竞争力双循环模式，成为企业应对新时代挑战、实现可持续发展的必然选择。这一双循环模式并非简单的概念叠加，而是通过数字技术与 ESG 理念的深度融合，形成相互促进、协同发展的动态体系，推动企业在经济价值创造与社会责任履行之间实现平衡。

从经济学理论视角来看，ESG—数字竞争力双循环模式契合资源基础理论与动态能力理论。数字技术作为新型生产要素，能够帮助企业整合内外部资源，构建独特的竞争优势；而 ESG 理念则引导企业关注长期价值创造，提升资源配置的效率与可持续性。在环境维度，企业可借助物联网、大数据等技术实时采集生产过程中的能耗、碳排放等数据，通过人工智能算法进行深度分析，精准识别高耗能环节，制定针对性的节能减排方案。将这些环境数据通过区块链技术转化为不可篡改的数字资产后，其应用价值得到进一步提升。在供应链管理中，上下游企业可基于这些可信的环境数据，共同优化生产流程，降低整体碳足迹；在绿色金融领域，企业凭借数字化的环保数据，能够更清晰地向投资者展示自身的环境绩效，增强绿色债券、可持续发展挂钩贷款等融资产品的吸引力，降低融资成本。这种从数据采集、分析到资产化应用的过程，不仅提升了企业的环境管理水平，还创造了新的价值增长点，实现了环境效益与经济效益的统一。

在社会维度，数字化技术为企业更好地履行社会责任提供了新的途径。通过数字化平台，企业能够更广泛地收集利益相关者的意见和需求，如员工对职业发展的期望、消费者对产品安全与服务质量的要求等。利用自然语言处理技术对这些反馈进行分析，企业可以及时调整战略和运营策略，提升利益相关者的满意度。同时，企业将社会责任实践过程中的数据进行数字化记录和管理，形成社会责任数字资产。这些资产可用于向社会展示企业在公益事业、社区发展等方面的贡献，增强公众对企业的认同感和信任度。在治理维度，数字技术的应用有助于提升企业的治理透明度和决策科学性。区块链技术可实现企业治理信息的分布式存储和共享，确保信息的真实性和不可篡改；智能合约则能够自动执行企业的规章制度，减少人为干预，提升治理效率。企业将治理相关数据转化为数字资产后，可向投资者、监管机构等利益相关者提供更全面、准确的信息，增强市场对企业的信心。

随着数字经济的快速发展，负面舆情对企业的影响日益加剧，尤其是在 ESG 领域。社交媒体和在线平台的普及，使得信息传播呈现出裂变式、即时性的特点。一旦企业出现 ESG 相关的负面事件，如环境污染、劳工权益纠纷等，负面信息可能在短时间内迅速扩散，引发公众的广泛关注和质疑，对企业品牌价值和市场形象造成严重损害，甚至导致股价大幅波动。这种影响的传导速度和破坏程度远超传统媒体时代，对企业的危机管理能力提出了更高要求。

为了有效应对负面舆情风险，企业需要构建智能化的预警体系。自然语言处理（NLP）技术在这一过程中发挥关键作用。该技术能够对社交媒体、新闻网站、论坛等多渠道的海量文本信息进行实时监测和语义分析，识别其中与企业 ESG 相关的关键词、情感倾向和话题热度。通过机器学习算法对历史舆情数据进行训练，系统可以预测负面舆情的发展趋势，提前发出预警信号。例如，当系统监测到关于企业某产品环保不达标的讨论量在短时间内急剧上升，且负面情感占比超过阈值时，会立即通知企业相关部门。企业可据此迅速启动危机应对预案，腊助发布澄清声明、采取整改措施、加强与公众的沟通等方式，在问题恶化前进行干预，将负面影响降至最低。

智能化的负面舆情预警系统还能够与企业的 ESG 管理体系实现联动。当系统识别到潜在的 ESG 风险时，不仅提醒企业进行危机公关，还可促使企业对内部 ESG 管理流程进行反思和优化。例如，如果负面舆情涉及企业供应链的劳工权益问题，企业可借助数字化工具对供应链进行全面审查，利用区块链技术追溯问题源头，通过数据分析找出管理漏洞，并及时调整供应链策略，加强对供应商的 ESG 评估和监督。这种将舆情预警与 ESG 管理相结合的模式，有助于企业从根本上解决问题，提升自身的风险管理能力和 ESG 表现。

数字化技术为企业构建 ESG—数字竞争力双循环模式、应对负面舆情风险提供了强大支撑。通过将 ESG 数据转化为数字资产，企业实现了价值创造模式的创新；借助智能化的负面舆情预警系统，企业提升了风险应对能力。在数字经济的浪潮中，企业唯有充分利用数字化技术，深化 ESG 实践，才能在激烈的市场竞争中实现可持续发展，达成经济价值与社会责任的双赢目标，为全球经济的绿色转型和社会的可持续发展贡献力量。

第六章　数字经济背景下ESG表现的挑战与机遇

第一节　挑战分析

一、数据安全与隐私保护的复杂性

（一）数据泄漏风险加剧

在数字经济时代，数据已成为企业的核心生产要素，与ESG相关的数据更是成为衡量企业可持续发展能力的关键依据。然而，企业在ESG数据的收集、存储与应用过程中，正面临着前所未有的安全风险与隐私困境。这种风险不仅源于技术层面的漏洞与外部攻击，还与数据本身的复杂性、利益相关者的多元性以及监管环境的动态变化紧密相关，深刻影响着企业的运营安全与价值创造。

1. ESG数据安全风险的多维成因解析

从数据特性来看，ESG数据具有显著的多维性与敏感性。在环境维度，企业采集的碳排放数据、能源消耗数据等不仅反映其环境绩效，还涉及国家“双碳”目标的实现，属于战略性敏感信息；社会维度的员工个人信息、供应链劳工权益数据等，关乎个体隐私与社会公平；治理维度的董事会决策记录、合规审查数据等，直接影响企业的运营透明度与市场信任度。这些数据的交叉性与敏感性，使其成为黑客攻击的高价值目标。据网络安全机构统计，针对ESG数据的定向攻击在过去三年中增长了217%，攻击手段也从传统的网络渗透转向更具针对性的供应链攻击与零日漏洞利用。

外部威胁的升级与内部管理的薄弱形成风险叠加效应。在技术层面，勒索软件、APT攻击（高级持续性威胁）等新型攻击手段不断迭代，黑客利用AI技术提升攻击的精准性与隐蔽性。例如，通过机器学习分析企业ESG数据的传输规律，伪装成正常数据请求进行窃取。同时，企业内部管理漏洞成为数据泄漏的“隐形缺口”。根据IBM《2023年度数据泄漏成本报告》，32%的数据泄露事件源于内部员工的误操作或恶意行为，而合作伙伴的数据安全管理缺位也导致风险传导，如供应商数据泄露可能引发整条供应链的信任危机。这种内外风险的交织，使 ESG 数据安全问题呈现出动态性与复杂性。

监管环境的变化进一步加剧了数据安全管理的难度。全球范围内，数据隐私与安全法规持续完善，对企业 ESG 数据的合规管理提出了严格要求。监管机构不仅关注数据存储的安全性，还强调数据处理的合法性、透明性与可解释性。企业一旦出现 ESG 数据泄露，除面临经济损失外，还可能遭受监管处罚、诉讼赔偿等法律风险。据统计，违反《通用数据保护条例》规定的企业最高可面临全球营收 4%的罚款，这种高成本的违规代价使数据安全管理成为企业 ESG 战略的核心环节。

2. ESG 数据泄露的链式影响机制

ESG 数据泄露对企业的影响呈现出“声誉受损—价值贬损—合规承压”的链式反应特征。在声誉层面，ESG 数据的社会责任属性使其泄露极易引发公众信任危机。消费者对企业的 ESG 表现关注度持续提升，根据益普索调研数据，83%的消费者更倾向于选择 ESG 表现良好的企业的产品。一旦发生数据泄露，公众对企业的道德责任感与管理能力产生怀疑，品牌形象遭受重创。这种声誉损失不仅影响消费者的购买决策，还会削弱企业在人才市场的吸引力，导致招聘成本上升与核心人才流失。

资本市场对 ESG 数据泄露的反应具有显著的放大效应。投资者将 ESG 表现作为重要的投资决策依据，数据泄露事件往往引发股价波动与融资成本上升。研究表明，发生 ESG 数据泄露的企业，其股价在事件曝光后一周内下跌 15%～20%，且市值恢复周期长达 18～24 个月。同时，金融机构会重新评估企业的信用风险，提高贷款利率或收紧授信额度。以绿色债券市场为例，数据泄露可能导致企业 ESG 评级下调，直接影响债券发行规模与利率水平，增加企业的融资难度与成本。

合规风险的传导进一步加剧了企业的运营压力。数据泄露事件触发监管机构的调查程序，企业须承担数据恢复、损失赔偿、合规整改等成本。根据安永统计，涉及数据泄露的企业平均法律诉讼费用高达 120 万美元，且整改周期通常需要 6～12 个月。此外，监管机构可能对企业实施业务限制、市场准入禁令等处罚措施，严重影响企业的正常运营。这种合规压力倒逼企业将数据安全纳入 ESG 治理体系，建立全流程的风险管理机制。

3. ESG 数据安全的立体化防护体系构建

构建技术防护与管理优化双轮驱动的数据安全体系是企业的必然选择。在技术层面，企业须构建“防御—检测—响应”的全周期防护架构。采用零信任架构（Zero Trust Architecture）重构网络安全边界，通过持续身份验证与动态访问控制，确保只有授权用户与设备可访问 ESG 数据；运用同态加密、联邦学习等隐私计算技术，实现数据“可用不可见”，在保障数据安全的同时释放数据价值；部署 AI 驱动的威胁检测系统，利用机器学习算法实时分析数据流量与行为模式，识别异常操作并及时预警。例如，通过深度学习模型对 ESG 数据的访问频率、操作时段等进行建模，当出现偏离正常模式的行为时自动触发警报。

内部管理机制的完善是数据安全的重要保障。企业须建立覆盖全员的数据安全文化，通过定期培训提升员工的数据安全意识与操作规范。制定严格的数据分级分类管理制度，根据数据的敏感程度与价值，实施差异化的存储、传输与访问策略。建立内部审计与合规审查机制，定期对 ESG 数据的全生命周期管理进行评估，及时发现并修复安全漏洞。同时，加强供应链数据安全管理，与供应商签订数据安全协议，明确数据保护责任与义务，定期对供应商的数据安全能力进行评估与监督。

企业还应积极探索数据安全的协同治理模式。与监管机构、行业协会、技术服务商等建立合作机制，共享威胁情报与安全解决方案。参与行业数据安全标准的制定，推动 ESG 数据安全管理的规范化与标准化。利用区块链技术构建数据安全联盟链，实现供应链各环节 ESG 数据的可信共享与追溯，降低数据泄露风险。这种协同治理模式有助于企业整合多方资源，提升数据安全管理的效率与效能。

在数字经济与 ESG 发展深度融合的背景下，数据安全与隐私保护已成为企业可持续发展的核心竞争力。企业须深刻认识 ESG 数据安全风险的复杂性与严峻性，构建技术、管理、协同“三位一体”的防护体系，将数据安全理念贯穿于 ESG 战略的制定与实施全过程。通过强化数据安全管理，企业不仅能够降低运营风险、维护品牌声誉，还能为 ESG 表现的持续提升与企业价值的长期增长奠定坚实基础。

（二）隐私合规成本高

在数字经济与可持续发展理念深度交融的时代背景下，企业的 ESG 表现已成为衡量其综合竞争力的核心指标。然而，全球隐私法规体系的快速迭代与严格化趋势，正重塑企业 ESG 数据管理的底层逻辑，企业在 ESG 数据处理与报告披露过程中，面临着前所未有的合规压力。这种压力不仅源于技术实现的复杂性，还折射出企业在法律风险防控、成本效益平衡、战略价值重构等层面的系统性挑战。

1. 全球隐私法规演进的逻辑与合规范式转型

数字时代的隐私法规正经历从“行业自律”向“强监管”的范式迁移。以《通用数据保护条例》为代表的新一代立法，确立了“数据主体权利优先”的核心原则，创新性提出“被遗忘权”“数据可携权”等概念，将企业的数据处理活动纳入全流程监管框架。《中华人民共和国个人信息保护法》则立足本土实践，构建起涵盖个人信息处理全生命周期的规范体系，特别强调数据跨境传输的安全评估机制与自动化决策的透明度要求。这些法规通过设置高额罚款条款，形成强大的威慑效应，倒逼企业重构数据治理体系。

法规更新的动态性与地域差异性加剧了合规复杂性。地域间法规的异质性尤为显著：

欧盟坚持数据本地化存储原则，美国采用行业自律与联邦立法相结合的模式，而东南亚国家则侧重跨境数据流动的安全评估。这种监管碎片化迫使跨国企业建立“多层级、差异化”的合规架构，在满足不同司法管辖区要求的同时，确保 ESG 数据管理的统一性与连贯性。

2. ESG 报告隐私合规的成本解构与经济影响

企业隐私合规成本呈现“技术投入高、管理链条长、持续支出大”的特征。技术层面，企业须构建覆盖数据采集、传输、存储、处理全流程的安全防护体系。在数据采集端部署可信执行环境（TEE）确保源头安全，在传输环节采用量子加密技术抵御窃听风险，在存储阶段实施分布式账本技术保障数据不可篡改。以德勤测算的中型企业年均 200 万美元合规支出为例，技术改造占比达 65%，主要用于搭建零信任网络架构、部署数据脱敏系统等核心设施。

非技术成本同样构成沉重负担。法律合规支出用于聘请专业团队解读法规、制定合规策略，年均占比约为 20%；数据安全专家团队负责风险评估与技术方案优化，人力成本占比为 15%；员工培训投入旨在提升全员合规意识，通过情景模拟、案例分析等方式强化数据保护能力。值得注意的是，持续的合规审计与认证费用（如 ISO 27701 隐私信息管理体系认证）形成常态化支出，进一步增加了成本。

这种成本压力对企业 ESG 战略实施产生显著挤出效应。中型企业受制于资金与技术限制，在合规投入初期往往须削减其他 ESG 项目预算。从长期来看，若无法将合规成本转化为竞争优势，企业可能面临 ESG 评级下滑、投资者信任度降低等连锁反应，直接影响其市场价值与可持续发展能力。

3. 数据处理技术挑战与匿名化实现困境

ESG 数据的多源性与敏感性加剧了匿名化处理难度。在社会维度，员工的健康数据、薪酬信息与 ESG 报告中的劳工权益指标紧密关联；在治理维度，董事会成员的关联交易数据涉及企业内部控制有效性评估。传统匿名化技术如泛化、抑制等，在处理高维动态数据时易出现“过度匿名导致信息失真”或“匿名不足引发隐私泄露”的双重困境。差分隐私技术虽能提供严格的隐私保护，但会引入统计偏差，影响 ESG 报告的决策参考价值。

数据全生命周期管理的复杂性进一步放大了合规风险。采集阶段须确保数据来源合法合规，传输过程要防范中间人攻击，存储环节须应对数据泄露风险，处理阶段则面临算法偏见与模型隐私保护难题。随着 AI 技术在 ESG 分析中的广泛应用，数据在模型训练、推理过程中的隐私泄露风险凸显。例如，联邦学习技术虽实现“数据不动模型动”，但存在梯度泄露等潜在风险，要求企业开发更高级的隐私增强计算方案。

4. 法律合规风险传导机制与应对策略局限

全球法规差异导致的合规冲突形成“多米诺骨牌效应”。法规解释的模糊性也增加了合规不确定性，如不同司法管辖区对“敏感个人信息”的界定存在显著差异。

现有应对策略存在明显局限性。尽管企业通过建立合规团队、引入智能合规管理系统提升响应能力，但法规更新速度远超企业适应周期。新兴技术场景（如元宇宙、物联网）不断催生新的合规盲区，而合规投入的边际效益递减规律，使企业在成本控制与风险防控之间难以实现平衡。此外，高额合规支出可能引发投资者对企业盈利能力的担忧，导致 ESG 评级与市场估值的背离，削弱企业可持续发展的资本支持。

在数字经济与 ESG 深度融合的历史进程中，隐私合规已从“被动应对”转向“战略布局”。企业须构建“技术创新＋管理优化＋合规协同”的三维应对体系：通过研发隐私计算技术突破技术“瓶颈”，建立敏捷化合规管理机制适应法规变化，参与行业标准制定提升话语权。唯有将隐私合规转化为 ESG 竞争力的核心要素，企业才能在数字时代的合规浪潮中实现可持续发展，构建数据安全与企业价值共生的新型发展范式。

（三）信任危机影响品牌价值

在数字经济加速渗透的当下，数据作为企业核心生产要素的地位愈发凸显。然而，数据滥用或泄露事件的发生，正成为悬在企业头顶的达摩克利斯之剑。这类事件不仅引发法律诉讼与财务损失，还会在企业与利益相关者之间引发强烈震动，形成信任危机，对企业品牌价值与市场竞争力造成难以估量的长期损害。特别是在 ESG 理念深入人心的背景下，数据安全与隐私保护已成为衡量企业社会责任与可持续发展能力的关键指标，其重要性不容忽视。

从品牌管理理论视角来看，品牌价值的本质是消费者对企业的信任与情感认同的集合。数据滥用或泄露事件直接冲击这一信任根基，使企业多年积累的品牌形象毁于一旦。消费者对个人数据的敏感度持续攀升，根据尼尔森的调研数据，全球超 85％的消费者表示，数据安全是其选择品牌时的重要考量因素。当企业发生数据泄露，消费者会认为自身权益未得到妥善保护，进而对品牌产生怀疑与抵触情绪。这种信任的崩塌具有极强的扩散效应，不仅影响现有客户的忠诚度，还会通过口碑传播、社交媒体舆论等途径，使潜在消费者对品牌产生负面认知，导致市场份额流失。而且，品牌信任的重建是一个漫长而艰难的过程，企业需要投入大量资源进行品牌修复，包括发布公开声明、改进数据安全措施、加强客户沟通等，但效果往往难以在短期内显现。

资本市场对企业数据安全问题的反应同样敏感且迅速。在 ESG 投资理念日益盛行的背景下，投资者不再仅关注企业的财务报表，还将 ESG 表现作为重要的投资决策依据。数据安全与隐私保护作为 ESG 中社会维度的关键内容，直接影响企业的 ESG 评级。当企业发生数据滥用或泄露事件时，ESG 评级机构会迅速下调其评级，这将导致企业在资本市场的吸引力大幅下降。一方面，现有投资者可能因风险担忧而抛售股票，引发股价下跌；另一方面，潜在投资者会将此类企业列为高风险投资对象，减少投资意愿，导致企业融资难度增加、融资成本上升。从行为金融学角度分析，投资者的“损失厌恶”心理会放大数据泄露事件的负面影响，使企业面临资本流出与市场估值下降的双重压力，严重削弱其在资本市场的竞争力。

企业的 ESG 评分体系中，社会维度的评估指标涵盖数据隐私保护、合规性、社会责任履行等方面。数据泄露事件频发的企业，社会维度的评分通常较低。这一评分不仅影响企业在全球范围内的商业机会，还会对其合作关系网络产生冲击。在商业合作中，合作伙伴会将企业的数据安全能力作为重要的考量因素，数据安全存在隐患的企业，往往难以获得优质合作伙伴的信任，在合作谈判中处于劣势地位。例如，在供应链合作中，供应商可能因担忧数据泄露风险，拒绝与相关企业建立长期合作关系；在战略联盟中，合作伙伴可能因对企业数据管理能力的不信任，终止合作项目。此外，较低的 ESG 评分还会影响企业参与政府采购、国际认证等重要商业活动的资格，限制其拓展市场空间。

从社会舆论层面来看，数据滥用或泄露事件极易引发公众关注与媒体报道。在社交媒体高度发达的今天，负面信息传播速度呈指数级增长，事件的曝光度与影响力远超传统媒体时代。公众对企业数据安全问题的关注度持续上升，一旦发生数据泄露事件，企业将面临来自社会各界的舆论压力。这种舆论压力不仅会损害企业的声誉，还可能引发监管机构介入调查。各国对数据安全与隐私保护的法规日益严格，企业若因数据泄露违反相关法规，将面临巨额罚款与法律诉讼。监管处罚不仅会带来直接的经济损失，还会进一步加剧企业的声誉危机，形成恶性循环。

企业在应对数据滥用与泄露风险时，须从战略高度重视数据安全管理。

首先，应建立完善的数据安全治理体系，明确各部门在数据管理中的职责，制定涵盖数据采集、存储、处理、传输等全生命周期的安全管理制度。

其次，加大在数据安全技术方面的投入，采用加密技术、访问控制、数据脱敏等手段，提升数据安全防护能力；运用 AI、大数据分析等技术，构建实时监测与预警系统，及时发现并处理潜在的数据安全威胁。

最后，企业还须加强员工的数据安全培训，提高全员的数据安全意识，避免因人为失误导致的数据泄露风险。

同时，建立健全的数据泄露应急响应机制，确保在事件发生时能够迅速采取措施，降低损失，并及时与利益相关者沟通，重塑信任。

数据滥用或泄露事件对企业的影响是多维度、深层次且长期的。在数字经济与 ESG 理念深度融合的时代背景下，企业必须将数据安全与隐私保护纳入战略核心，构建完善的风险防控体系，才能有效应对数据安全挑战，维护品牌价值与市场竞争力，实现可持续发展目标。

二、技术与基础设施的“瓶颈”制约

在全球数字化转型与可持续发展的双重浪潮下，企业 ESG 目标的实现高度依赖数据采集与处理能力。然而，当前全球范围内普遍存在的技术短板、数字鸿沟及技术应用矛盾，正成为企业践行 ESG 理念的主要障碍。这种困境不仅制约企业个体的 ESG 表现提升，还对全球可持续发展目标的实现带来系统性挑战，亟须从技术、政策、国际合作等维度寻求破局之道。

（一）数据采集与处理能力的结构性短板

企业在环境数据采集方面面临显著的技术与资源约束。以碳排放监测为例，精确的数据采集依赖物联网传感器网络的高密度部署与实时传输能力。据国际数据公司（IDC）统计，全球中小企业中仅有 12%具备完整的环境数据自动采集系统，多数企业仍采用人工填报或低频次抽样检测方式。这种传统模式不仅效率低下，且存在数据失真风险——人工录入误差率通常在 8%到 15%之间，难以满足 ESG 报告对数据准确性与及时性的要求。即便是大型制造业企业，其数字化改造进程也普遍滞后，麦肯锡 2023 年的报告显示，全球制造业企业中仅 35%完成生产环节的数字化转型，大量设备仍处于“哑终端”状态，无法实现能耗、排放等关键数据的实时采集与分析。

数据处理能力的不足进一步加剧了 ESG 数据的价值损耗。环境数据的处理须整合气象条件、生产工艺、设备参数等信息，通过机器学习算法构建复杂的分析模型。但中小企业普遍缺乏专业的数据科学团队与算力资源，难以对海量环境数据进行深度挖掘。例如，在能源消耗分析中，若无法运用时间序列分析算法识别能耗异常波动，企业将错失优化生产流程、降低碳排放的机会。同时，数据治理体系的不完善导致数据质量参差不齐，不同部门间的数据标准不统一、格式不兼容，使 ESG 数据难以形成有效关联，严重削弱了数据对企业决策的支撑作用。

（二）新兴技术应用的矛盾与困境

区块链、AI 等新兴技术在 ESG 领域的应用呈现“机遇与挑战并存”的复杂局面。以区块链技术为例，其分布式账本特性能够为供应链 ESG 数据提供不可篡改的溯源记录，显著提升数据可信度。但该技术的高能耗问题与环境目标形成尖锐冲突。研究表明，基于工作量证明（PoW）共识机制的区块链网络，单笔交易能耗高达 68.7 千瓦时，相当于普通家庭 1.5 天的用电量。这种能源消耗不仅增加了企业自身碳排放，还违背了全球碳减排的战略方向。尽管权益证明（PoS）等低能耗共识机制正在发展，但技术成熟度与行业应用适配性仍须突破，导致企业在引入区块链技术时面临“环保悖论”。

AI 技术的应用同样面临伦理与效率的双重考验。在 ESG 数据处理中，AI 算法能够快速识别风险、预测趋势，但算法偏见可能导致 ESG 评估结果失真。例如，若训练数据存在样本偏差，AI 模型可能低估某些群体的社会需求，影响企业社会责任履行的精准性。同时，AI 系统的高算力需求带来巨大的电力消耗，据绿色和平组织测算，全球 AI 数据中心年耗电量已超过荷兰全国用电量，这与企业的环境目标背道而驰。如何在技术创新中兼顾环保与伦理要求，成为企业应用新兴技术的关键难题。

（三）数字鸿沟加剧的全球 ESG 发展失衡

全球数字化进程的不均衡性，使发展中国家及偏远地区企业陷入 ESG 实践的“数字洼地”。联合国数据显示，全球仍有 49%的人口无法接入互联网，在撒哈拉以南非洲、南亚等地区，互联网普及率不足 30%。这种数字基础设施的缺失，直接导致企业无法获取必要的技术工具与数据资源。例如，缺乏物联网设备的农业企业难以监测农药使用、土壤污染等环境数据，无法满足国际市场对农产品 ESG 标准的要求。同时，技术人才的匮乏进一步加剧了能力差距，发展中国家企业中具备 ESG 数据分析能力的专业人员占比不足 5%，远低于发达国家 25%的平均水平。

数字鸿沟引发的连锁反应加剧了全球 ESG 发展的不平等。无法接入全球数字平台的企业，难以参与国际 ESG 标准的制定与认证，在跨境贸易中面临“绿色壁垒”。这种困境不仅削弱了企业的国际竞争力，还可能导致全球价值链的分化——发达国家企业凭借技术优势占据高附加值环节，而发展中国家企业因 ESG 能力不足被迫留在低附加值领域。从社会维度看，数字鸿沟扩大了不同地区在可持续发展机遇上的差距，违背了 ESG 理念中“公平与包容”的核心价值，阻碍全球可持续发展目标的实现。

（四）系统性解决方案的构建路径

破解数字技术与 ESG 目标的矛盾，需要构建“技术创新＋政策支持＋国际合作”的三维解决方案。在技术层面，应推动低能耗、高兼容性的技术研发，如探索量子区块链、边缘计算等新型技术架构，降低技术应用的环境成本。同时，开发轻量化 AI 算法与开源数据分析工具，降低中小企业的技术使用门槛。政策层面，各国政府须加大数字基础设施投资，通过税收优惠、专项补贴等政策，引导企业进行 ESG 数字化改造。例如，设立 ESG 技术创新基金，支持企业开展数据采集系统升级与分析模型开发。

国际合作机制的完善是弥合数字鸿沟的关键。联合国等国际组织应牵头建立全球 ESG 数据共享平台，制定统一的数据标准与接口规范，促进发展中国家企业接入全球 ESG 生态系统。同时，通过技术援助、人才培训等方式，提升发展中国家的数字能力。例如，开展“ESG 数字能力建设计划”，为发展中国家企业提供技术培训、设备支持与专家指导。此外，跨国企业可通过供应链合作，帮助上下游中小企业提升 ESG 数据管理能力，形成“以大带小”的协同发展格局。

在数字经济与 ESG 深度融合的时代背景下，突破数据采集处理与技术应用的“瓶颈”，是实现全球可持续发展的必由之路。这不仅需要企业层面的技术创新与能力建设，还依赖政府、国际组织与社会各界的协同努力。通过构建普惠性的数字生态系统，推动技术应用的绿色化与伦理化，全球企业方能在数字浪潮中实现 ESG 目标与商业价值的双赢，共同迈向可持续发展的未来。

三、利益相关者认知与需求的分化

在数字经济蓬勃发展与全球可持续发展共识不断深化的时代背景下，企业 ESG 实践已成为衡量其长期竞争力的重要标尺。然而，现实中投资者对短期回报的过度追求、消费者绿色消费认知的偏差，以及员工数字技能的鸿沟，正形成多重制约，阻碍企业 ESG 目标的有效推进。这些挑战相互交织，不仅影响企业自身的可持续发展进程，还对全球 ESG 生态体系的构建产生深远影响。

（一）投资者短期回报诉求与企业 ESG 长期战略的冲突

资本市场的短期主义倾向，本质上源于投资者行为偏差与制度性缺陷的双重作用。根据行为金融学的前景理论，投资者往往对损失更为敏感，倾向于追求确定的短期收益而规避长期不确定性。这种心理特征在上市公司中尤为明显，季度财报的业绩压力迫使企业管理层将重心置于短期财务指标的实现。高盛研究显示，83%的上市公司 CEO 承认因股东压力推迟碳中和计划，这一数据深刻揭示了资本市场短期利益导向对企业 ESG 战略的侵蚀。

从制度层面分析，当前资本市场的考核与激励机制进一步强化了短期主义倾向。机构投资者的业绩评估多以季度、年度为周期，这种考核方式促使基金经理更关注股价短期波动；企业管理层的薪酬体系往往与短期财务指标挂钩，导致其决策行为偏向于能够快速提升业绩的项目。在这种环境下，ESG 相关的长期技术研发与战略投入，因回报周期长、风险高而被边缘化。例如，新能源技术研发、碳捕集系统建设等项目，尽管对企业长期可持续发展至关重要，但在短期业绩压力下，常被削减预算或推迟实施。

这种短期主义倾向对企业 ESG 表现产生多维度负面影响。在环境维度，企业减少对清洁能源、节能减排技术的投入，导致碳排放强度难以降低，偏离全球碳中和目标；在社会维度，削减员工培训、社区发展等社会责任项目支出，影响企业与利益相关者的关系；在治理维度，管理层为满足短期业绩要求，可能采取激进的财务手段，增加企业经营风险，损害公司治理的稳健性。从长远来看，这种战略短视将削弱企业的创新能力与抗风险能力，使其在 ESG 表现评分中落后，最终丧失市场竞争力。

（二）消费者绿色消费认知偏差与企业 ESG 投入的价值转化困境

消费者对绿色消费的认知偏差，源于信息不对称与认知过载的双重作用。尽管企业在产品和服务中融入了丰富的 ESG 元素，如碳足迹标签、可持续材料认证等，但消费者在海量信息面前，难以准确识别和理解这些信息的真实价值。调查数据显示，仅有 29%的消费者能够准确识别 ESG 标签含义，这表明市场对企业绿色承诺的认知存在显著偏差。

信息传播的碎片化与不规范性加剧了认知偏差。在数字营销时代，企业为吸引消费者注意力，常使用模糊的绿色营销话术，如“环保友好”“可持续发展”等缺乏明确定义的表述，导致消费者对产品真实的 ESG 表现产生误解。同时，第三方认证机构的标准不统一、认证流程不透明，进一步降低了消费者对绿色标签的信任度。例如，不同机构对“有机产品”的认证标准存在差异，使消费者难以判断产品的真实环保水平。

这种认知偏差严重影响企业 ESG 投入的价值转化。企业投入大量资源进行绿色转型，如采用可再生能源、优化供应链可持续性，但因消费者无法准确识别和认可这些努力，难以将 ESG 优势转化为市场竞争力。从消费者行为理论来看，当产品的 ESG 属性无法显著影响消费者决策时，企业将缺乏持续投入的动力，形成“企业投入－消费者不认可－投入减少”的恶性循环，阻碍整个行业的绿色转型进程。

（三）员工数字技能鸿沟与企业 ESG 实践的执行障碍

数字化转型背景下，企业 ESG 实践对员工数字技能提出了更高要求。在环境维度，企业须通过物联网传感器、大数据分析实现碳排放的实时监测与精准管理；在社会维度，利用数字化平台提升供应链透明度，保障劳工权益；在治理维度，借助人工智能技术优化决策流程，提高治理效率。这些目标的实现，均依赖员工具备数据分析、技术应用等数字技能。

然而，当前企业普遍面临员工数字技能不足的困境。世界经济论坛预测，到 2025 年全球 50％的劳动力须重新培训以适应 ESG 相关岗位需求，这一数据凸显了数字技能鸿沟的严峻性。传统行业企业在员工培训方面的投入不足，是导致技能缺口的主要原因。部分企业将培训视为成本中心，忽视员工技能提升对企业长期发展的战略价值；培训内容与实际工作需求脱节，缺乏针对性和实用性；培训方式单一，未能充分利用在线学习、虚拟仿真等数字化手段，影响培训效果。

员工数字技能不足直接制约企业 ESG 实践的落地。在数据治理方面，缺乏数据分析能力的员工可能导致数据采集不准确、分析结果偏差，影响企业 ESG 报告的可信度；在环境监控环节，因操作不当可能导致监测系统失效，无法及时发现环境风险；在供应链管理中，难以利用数字化工具实现对供应商 ESG 表现的有效评估。这些问题不仅影响企业 ESG 绩效，还可能引发合规风险，损害企业声誉。

（四）多维挑战下的破局路径与协同治理

应对上述挑战，需要企业、投资者、消费者和政府等主体协同发力，构建多层次、多维度的解决方案。在投资者层面，须推动资本市场的长期化改革，建立以 ESG 为导向的考核与激励机制。监管机构应引导投资者关注企业长期价值，鼓励养老金、保险资金等长期资本加大对ESG领域的投资；企业可通过发行绿色债券、可持续发展挂钩贷款等金融工具，吸引长期资金支持ESG项目。

针对消费者认知偏差，企业须优化绿色信息传播策略，提升信息透明度与可信度。采用标准化的ESG披露框架，如全球报告倡议组织（GRI）标准，确保信息的准确性与可比性；利用区块链技术实现产品全生命周期溯源，增强消费者信任；通过科普宣传、互动体验等方式，提升消费者的绿色消费认知水平。政府和行业协会应加强对绿色认证机构的监管，统一认证标准，规范市场秩序。

解决员工数字技能鸿沟，企业须将技能培训纳入ESG战略体系，构建系统化的培训体系。结合岗位需求制定个性化培训方案，利用AI技术实现培训内容精准推送；采用混合式学习模式，融合线上课程、线下实训、在岗实践等方式，提升培训效果；建立技能认证与晋升激励机制，激发员工学习积极性。政府可出台相关政策，对企业员工培训给予税收优惠或财政补贴，鼓励企业加大培训投入。

企业推进ESG目标实现面临的投资者短期主义、消费者认知偏差和员工技能鸿沟等挑战，本质上是经济发展模式转型过程中的结构性矛盾。唯有通过多方协同治理，推动资本市场长期化、消费者认知理性化、员工技能数字化，才能打破发展“瓶颈”，实现企业ESG实践与经济高质量发展的良性互动，为全球可持续发展目标的实现奠定坚实基础。

四、监管与合规的动态压力

全球ESG监管框架的碎片化问题在跨国企业运营中日益突出，尤其是在不同国家和地区的ESG披露标准存在显著差异的背景下，这种碎片化现象对企业合规性提出了更高的要求。例如，欧盟的《公司可持续性报告指令》（CSRD）和美国证券交易委员会（SEC）针对气候相关信息披露的规则在要求、数据标准和披露方式上存在巨大差异。欧盟要求企业提供更为详细的环境、社会和治理信息，包括第三方审计认证，而美国的规则则侧重于气候风险披露。对于跨国公司而言，必须根据各国法规的不同要求，分别投入合规资源来应对这些差异，这不仅增加了企业的合规成本，还导致重复的合规工作，极大地增加了操作难度。以某能源巨头为例，该公司在2022年的ESG合规支出占总成本的4.3%，同比增长了70%。这一显著增加的合规成本主要源于全球不同监管框架之间的差异化要求，企业不仅要确保符合本国的法规，还要应对其他市场的相关合规挑战。这种全球监管碎片化的现象使得企业面临着更加复杂的合规局面，迫使它们在资源调配上作出更大的投入。

与此同时，随着AI技术的广泛应用，算法伦理问题逐渐成为ESG治理中的一大风险。AI算法的应用为企业带来了数据处理和决策效率的大幅提升，但与此同时，算法中的潜在偏见问题也日益引起关注。尤其是在ESG决策中，AI算法可能隐含性别、种族等偏见，导致不公平的结果。例如，某银行使用的贷款批准算法因存在对少数族裔社区的歧视性偏见，最终导致其被监管机构罚款 3.2 亿美元。这一事件揭示了算法在实现高效决策的同时，可能带来不公正的结果，尤其是在社会责任和公正性至关重要的 ESG 领域。随着 AI 技术的不断应用，企业必须更加重视算法的伦理问题，确保其决策过程公平、透明，并且符合法律和社会的道德标准。这种算法伦理的挑战不仅对企业的治理构成风险，还可能对企业的品牌声誉和市场信任度造成严重损害。

国际标准的不断迭代加速，尤其是针对 ESG 数据的要求，迫使企业不断升级其数据管理系统，以适应新的标准。2023 年，国际可持续发展准则理事会（ISSB）发布的新规要求企业披露范围 3 的碳排放，并提供数字化测算方法。这一新规对全球企业提出了更高的数据管理要求，迫使 85%的企业需要对现有的数据管理系统进行全面升级，以符合新的披露标准。毕马威的调研显示，企业面临着巨大的压力，特别是在数据收集、处理和披露的精确性方面。对于许多企业而言，实施这一新规不仅是技术和数据管理的挑战，更是全局性的战略调整，涉及公司内部多个部门的协作与配合。随着国际标准的持续更新和不断完善，企业需要不断投入资源来跟进这些变化，以确保合规并保持竞争力。

因此，全球 ESG 合规的碎片化、算法伦理问题和国际标准的快速迭代，构成了当前企业在实施 ESG 战略过程中必须面对的多重挑战。企业不仅需要投入大量的合规资源来应对不同地区和市场的法规要求，还必须在提升技术和数据管理能力的同时，谨慎对待算法决策中的潜在偏见问题。随着全球可持续发展议题的深入推进，企业需要更加灵活和敏锐地调整自身的战略，以应对日益复杂的监管环境和技术伦理挑战，从而实现长期可持续发展和良好的社会责任履行。

五、挑战的传导效应：对企业价值的系统性冲击

在当前的经济环境下，融资成本上升已成为许多企业面临的一大挑战，特别是当企业的 ESG（环境、社会和治理）评级出现下滑时，融资成本的压力尤为突出。随着越来越多的投资者将 ESG 表现作为投资决策的重要标准，企业的 ESG 评级成了其能否获得绿色融资的关键因素之一。标普全球的数据显示，当企业的 ESG 评级下降时，它们面临的绿色融资限制越加严苛，债券利率溢价可能最高达到 150 个基点。这意味着，低 ESG 评级的企业不仅会面临融资难度加大，还会承担更高的资本成本。在绿色债券和可持续融资日益普及的背景下，企业若未能满足这些日益严格的环境和社会责任要求，将在融资时处于不利地位，这种负面影响可能会直接影响其长期的财务健康和市场竞争力。因此，企业在追求盈利增长的同时，必须更加注重提升其 ESG 表现，以避免因融资成本上升而影响运营和发展。

供应链的韧性在数字化转型过程中可能遭遇到前所未有的挑战。数字安全漏洞不仅可能导致数据泄露，还可能严重影响供应链中的关键合作伙伴的 ESG 资质，进而对整个供应链的稳定性和可持续性构成威胁。以某知名车企为例，该公司因其电池供应商的数据造假事件，导致 38 亿欧元的订单损失，这一事件凸显了供应链管理中的数字安全风险对企

业造成的重大影响。在当前高度数字化和全球化的供应链体系中，任何供应商在ESG资质方面的失误，尤其是涉及虚假数据或信息泄露，都可能对企业的声誉和业务造成深远影响。这不仅影响了企业与供应商的合作关系，也可能引发监管机构的调查和处罚，增加合规风险。因此，企业必须加强对供应链数字安全的重视，确保供应商在ESG方面的合规性，维护整个供应链的韧性和可靠性。

随着全球对ESG合规要求的不断提高，企业的创新动力面临着来自合规成本的挤压。尤其在科技行业，越来越多的企业面临着合规成本占用研发预算的问题，从而削弱了其创新能力。根据世界知识产权组织（WIPO）的统计数据，科技行业中与ESG相关的专利占比从2021年的18%降至2023年的13%。这种下降趋势反映了合规性和成本控制压力对企业创新战略的深远影响。科技公司为了满足不断增加的ESG法规要求，不得不将更多的资源投入合规性检查、报告和认证等方面，而这些支出往往是无法直接转化为创新或市场竞争力的。因此，科技企业在进行ESG合规投入时，可能会面临两难选择：要么牺牲创新资源以应对合规挑战，要么冒着被监管处罚的风险，削减合规投入。这一矛盾不仅可能影响企业的创新进程，也可能在长远的竞争中导致其逐渐落后于行业的技术发展趋势。

第二节 机遇探讨

在数字经济浪潮下，ESG实践与企业价值的协同发展迎来前所未有的机遇。以下从技术赋能、数据驱动、管理升级及市场创新等维度展开分析。

一、数字化工具赋能ESG效率跃升

（一）人工智能优化资源管理

人工智能（AI）在资源管理中的应用已成为推动企业ESG（环境、社会和治理）目标实现的重要手段。通过智能算法分析海量数据，AI能够精准预测环境风险并动态调整运营策略，从而提高资源利用效率，降低碳排放。例如，施耐德电气在数据中心管理中广泛采用AI技术，2023年其AI驱动的能耗优化系统成功提高了40%的能源效率，每年减少碳排放12万吨。这一成果不仅帮助企业降低运营成本，也在可持续发展方面树立了行业标杆。

在供应链管理方面，机器学习技术已被广泛应用于ESG筛查，以提升供应链的绿色合规性。亚马逊借助AI技术识别高污染供应商，并通过数据驱动的决策优化采购流程，最终将绿色供应商的占比从2022年的62%提高至89%。这种基于AI的供应链管理模式

不仅有助于提高企业的环境绩效，还能降低因供应商违规带来的合规风险。此外，AI 算法能够实时分析供应链数据，识别潜在的环境和社会责任风险，确保供应链在动态变化中始终符合 ESG 标准。例如，某全球快消品公司利用 AI 优化物流配送路径，减少燃油消耗，使运输过程中碳排放降低 15%，有效地平衡了供应链效率与可持续性目标。

此外，在智能制造领域，AI 正在助力企业提高资源利用效率，减少环境影响。西门子等制造企业采用 AI 驱动的智能生产系统，实现生产环节的精准调控，大幅减少能源和原材料浪费。波士顿咨询数据显示，采用 AI 优化生产流程的企业，其碳排放强度可降低 20%～30%。这一趋势表明，AI 不仅能够提高制造业的运营效率，还能够在 ESG 目标实现的过程中发挥关键作用。

在城市管理和基础设施建设方面，AI 同样展现出巨大的潜力。智能电网技术结合 AI 算法优化能源分配，提高可再生能源的利用率。例如，特斯拉的虚拟电厂项目利用 AI 协调家庭储能电池，实现能源调度最优化，使电网碳排放减少 20%。此外，AI 还可用于智能水资源管理，如某欧洲水务公司通过 AI 监测水管泄漏状况，使管网维护成本下降 25%，水资源浪费减少 18%。

（二）区块链构建可信溯源体系

区块链技术在构建可信溯源体系中的应用，已成为推动企业实现高透明度、可追溯性的关键工具，特别是在 ESG（环境、社会和治理）管理领域。由于区块链具备不可篡改的特性，它能够确保企业的 ESG 数据在整个供应链中的透明流动，极大地提高数据的真实性和信任度。这一特性使得区块链技术在 ESG 合规和报告过程中变得尤为重要。

在消费品行业，区块链技术也正被用于提升供应链的透明度和社会责任。例如，星巴克通过区块链追溯咖啡豆的来源，实现了从种植园到消费者的全链条透明。消费者通过扫码即可查看咖啡豆的来源信息，尤其是关于种植园劳工权益保障的记录。这一举措不仅增强了消费者的信任，还有效提升了企业的社会责任形象，推动星巴克的 ESG 评级在 2023 年从 BBB 级提升至 AA 级。星巴克通过这一技术实现了环境保护和社会责任的双重目标，并且通过提供更加透明的信息，加强了与消费者的互动和品牌忠诚度。这一实践表明，区块链技术不仅能提升企业的环境可持续性管理，还能为企业提供更多的社会责任方面的支持，推动企业在 ESG 领域的综合表现提升。

区块链技术的应用还可扩展到食品、制药等多个行业，帮助企业确保原材料的来源、生产过程和最终产品的社会责任合规。例如，在食品行业，通过区块链可实时追溯原材料的种植、采摘及运输过程，确保符合环境标准和社会责任要求，避免出现不合规的劳工现象或环境污染问题。制药行业也可通过区块链技术确保药品从原料采购到生产、运输的全过程可追溯，提升药品的质量保证和合规性，确保企业能够在严格的监管环境中运营并获得消费者信任。

（三）物联网实时监控环境绩效

物联网（IoT）技术在实时监控企业环境绩效方面展现了巨大的潜力，尤其是在污染排放控制和资源管理方面。通过传感器网络，企业能够实时采集和分析环境数据，及时识别潜在的污染源并迅速采取措施，从而有效降低环境风险和合规成本。物联网的这种应用不仅提高了企业的环保效率，还增强了其在社会责任和可持续发展方面的表现，逐步成为企业实现 ESG 目标的关键技术之一。

例如，上海宝钢通过部署 5G＋物联网监测系统，能够实时监控其废水处理过程中的各种关键参数。该系统利用高精度传感器对废水处理过程中的水质数据进行实时采集，并通过 5G 网络实现快速数据传输，使相关工作人员能够在第一时间内获得处理数据。这一技术改造使得宝钢废水处理系统的响应速度提高了 3 倍，能够迅速识别废水处理中的异常情况，及时进行调整，确保排放物符合环保标准。通过这一智能化的监控手段，宝钢有效减少了环保罚款的发生率，环保罚款甚至减少了 95％。这不仅降低了企业在合规方面的成本，也提高了宝钢在环保领域的信誉，进一步提高了其在投资者和消费者眼中的社会责任形象。

在其他行业，物联网同样发挥着重要作用，帮助企业实现更精准的环境管理。比如在制造业和化工行业，企业通过物联网技术对废气排放、废水排放等进行 24 小时监控，确保各项指标始终在合规范围内。这不仅减少了因污染排放超标而导致的罚款和诉讼风险，也提高了生产效率。例如，某化工厂利用传感器网络对排放的气体成分进行实时检测，自动调整排放设备的工作状态，从而减少了能源消耗和对二氧化碳的排放，实现了更高效的环保管理。

此外，物联网在农业、交通运输等领域也为环境绩效监控提供了有效的解决方案。在农业领域，通过安装土壤湿度、温度以及水质监测传感器，农场主能够实时掌握农业生产过程中的资源使用情况，优化水肥管理，减少资源浪费，提高作物产量，同时降低化肥和农药的使用量，促进环境保护。在交通领域，物联网技术帮助实时监测车辆排放水平，并通过数据分析优化运输路线，减少交通工具的碳排放。

二、数据资产驱动 ESG 价值创造

（一）全生命周期碳核算数字化

全生命周期碳核算数字化正成为各行各业实现可持续发展目标的核心手段之一。通过数字孪生技术，企业能够在产品的全生命周期内，从原材料的采购、生产加工、运输到使用和回收的各个环节，精准模拟和计算其碳排放。这种基于数字化模型的碳核算方法，不仅大大提高了碳排放测量的精确度，还为企业在碳管理和减排决策方面提供了更加科学的

数据支持。

特斯拉在这一领域的应用尤为典型。通过数字孪生技术，特斯拉能够模拟其电池的全生命周期碳排放，并对电池设计进行优化，以减少环境足迹。根据 2023 年财报数据，特斯拉通过数字化优化电池设计，使得单车生产的碳排放减少了 18%。这一创新不仅提升了特斯拉产品的环境友好性，也增强了其在市场中的竞争力，为推动全球电动汽车产业的可持续发展作出了积极贡献。数字孪生技术使特斯拉能够精准地识别每个环节的碳排放高峰，并有针对性地采取减排措施，优化资源利用率，提高生产效率，从而实现环保与经济效益的双赢。

除了单一企业的应用以外，数字化碳核算技术还促进了行业整体的碳管理能力提升。思爱普（SAP）推出的“碳足迹即服务”平台就是这种趋势的代表之一。该平台通过集成全生命周期碳核算功能，帮助企业快速、准确地完成碳足迹评估。企业接入该平台后，碳核算的周期从传统的 3 个月缩短至 7 天，大大提高了碳数据采集和处理的效率。此外，SAP 的这一平台服务覆盖了全球 12000 家企业，涵盖了多个行业，包括制造业、能源、消费品等，为企业提供了实时的碳排放数据和报告支持。这不仅帮助企业快速适应日益严格的环保法规，也为其制定更加科学的碳减排策略提供了重要依据。

在其他行业，数字孪生和碳核算数字化同样得到了广泛应用。例如，建筑行业通过数字化建模对建筑材料的碳排放进行全周期分析，确保在建筑设计、施工到运营的各个阶段都能优化能源消耗，减少不必要的碳排放。制造业通过数字孪生技术对生产线进行碳排放模拟，及时调整生产工艺，以降低能源消耗和排放，进一步提高生产效率并减少环境污染。

随着技术的不断进步和应用的普及，数字孪生和碳核算数字化将成为推动全球企业实现碳中和目标的重要工具。通过精确的碳数据分析和实时的监控系统，企业不仅能够在全球变暖等环境问题中发挥积极作用，还能提升自身在绿色投资者和消费者中的声誉。未来，随着越来越多企业采用数字孪生技术进行碳排放优化，全球碳管理将更加智能化、精准化，进一步推动全球可持续发展目标的实现。

（二）数据共享释放协同效应

数据共享正成为企业提升 ESG（环境、社会和治理）管理能力的重要途径，通过行业数据联盟和政府开放数据，企业能够打破信息孤岛，实现更高效的协同管理。在汽车行业，Catena-X 平台便是这一趋势的典型案例，该平台整合了 2000 家供应商的 ESG 数据，为企业提供全面、透明的供应链可持续性分析。大众集团借助 Catena-X，不仅提高了供应链可视化水平，还通过精准的供应商筛选和物流优化，每年节约 4.2 亿欧元的成本。数据的共享与整合，使企业能够更准确地评估供应商的环境绩效，从而选择更加可持续的合作伙伴，在降低碳足迹的同时提升供应链韧性。

政府开放环境数据库同样在推动企业ESG目标的实现方面发挥关键作用。例如，美国环保署（EPA）的AirData数据库向公众开放，提供全国范围内的空气质量数据，这些数据为企业的选址和运营决策提供了科学依据。苹果公司在全球供应链布局中，充分利用AirData等公开数据，规避了73个高污染、高环境风险的地区，从而减少了潜在的环保治理成本。据测算，苹果公司通过这一数据驱动的选址策略，累计节省环境治理费用达12亿美元。这种基于数据的精准决策，不仅降低了企业的环境合规风险，也提升了企业在绿色投资者和消费者中的可持续性形象。

数据共享的协同效应还体现在其他行业。例如，全球零售行业正在推动供应链ESG数据互通，以实现更可持续的采购模式。沃尔玛与供应商建立数据共享机制，将各个供应商的碳排放、能源使用、水资源管理等信息纳入统一数据库，并据此制定绿色采购政策。这一机制不仅提高了供应链整体的ESG透明度，还促使供应商主动优化自身可持续发展实践，从而在市场竞争中获得更大优势。

金融行业也正在利用数据共享来优化ESG投资决策。全球主要金融机构通过合作建立ESG数据平台，以统一的标准评估企业的可持续发展表现。例如，MSCI、彭博社等机构提供ESG数据服务，使投资者能够基于更精准的信息进行投资决策，推动绿色金融的发展。这种数据驱动的投资方式，使得ESG表现优秀的企业更容易获得资本市场的青睐，同时也激励其他企业加强可持续发展管理，以提升自身的市场竞争力。

未来，随着数据共享技术的进一步发展和监管政策的完善，不同行业的数据协同将更加深入，推动企业在ESG管理方面实现更高水平的数字化、透明化和智能化。这不仅将帮助企业提高可持续发展绩效，也将促进整个社会向更加环保、高效、公平的方向发展。

（三）消费者行为数据指导产品创新

消费者行为数据在推动产品创新方面越来越成为企业决策的重要依据，特别是在绿色和可持续产品的研发中，数据分析为企业提供了精确的市场需求洞察。电商平台通过对消费者在电商平台上的购买偏好、搜索习惯、评价反馈等行为数据的分析，能够深入了解消费者对于环境友好型、可持续产品的需求趋势，从而引导企业研发出符合市场需求的绿色产品。利用这一数据，企业不仅可以优化产品设计，减少资源浪费，还能提高消费者的购买满意度和品牌忠诚度，进一步提升其市场竞争力。

以联合利华为例，借助天猫平台的大数据分析，了解了大量消费者对于环保产品，尤其是零塑料包装的强烈需求。这一洞察促使联合利华推出了一款零塑料包装的洗发水产品。这款产品不仅满足了消费者对环保的期望，还通过减少塑料使用，降低了生产过程中的碳排放，进一步提升了品牌的可持续形象。数据显示，这款洗发水在上市的三个月内，市场占有率突破了15%，充分证明了消费者对环保产品的热情以及市场对于绿色创新的需求。这一成功案例表明，基于消费者行为数据指导的产品创新，不仅能帮助企业在市场中脱颖而出，还能积极响应全球可持续发展的趋势，推动企业绿色转型。

类似的做法也在其他行业中得到广泛应用。例如，某家电品牌通过分析电商平台上关于节能和环保家电产品的消费者购买行为，发现消费者对节能效果和环保材料的关注度越来越高。基于这一数据观察，该品牌研发了更高效、低能耗的家电产品，并成功打入市场，获得了显著的市场份额。通过消费者行为数据的反馈，企业能够及时调整产品研发方向，不仅降低了生产成本，还提高了产品的市场适应性。

三、数字生态重构 ESG 治理模式

（一）分布式协作提升社会价值

分布式协作通过打破地域和时间的限制，激发了社会各界的广泛参与，成为推动可持续发展和社会价值创造的重要工具。众包平台尤其在推动社会变革方面发挥了重要作用，西门子通过其“智慧社区”App 的创新应用，成功汇集了大量居民的数据，精确分析了不同区域的能源需求和光伏资源分布，从而优化了城市光伏布局。这一数字化协作模式不仅提升了社区居民的参与感和贡献感，还通过智能化的数据分析，使可再生能源的使用率在所覆盖区域提高了 65%。这种基于居民数据的能源管理方式，不仅提高了城市的能源效率，还为实现碳中和目标提供了可行的技术路径，彰显了分布式协作带来的强大社会价值。

随着远程办公的普及，数字化协作工具（如微软 Teams、Zoom 等）也为全球企业减少了碳排放，尤其是在减少商务差旅方面的贡献不可忽视。通过线上会议和远程合作，全球企业能够减少传统商务差旅的需求，进而大幅度减少交通工具使用所产生的碳排放。微软 Teams 平台的普及，使得 2022 年全球企业在减少商务差旅的过程中，成功减少了约 4500 万吨的碳排放量，这一数字相当于挪威全年碳排放量的总和。远程办公不仅减少了员工的通勤时间，节省了能源消耗，还进一步推动了全球企业向绿色、低碳运作模式转型，带来了显著的环保效益。

在这类分布式协作的模式下，个人、企业与政府的协同效应得以充分发挥。通过智能化平台和大数据的整合，社会各界可以更高效地参与到可持续发展的实践中。例如，一些城市通过大数据和云计算技术，鼓励居民提交自己所在区域的垃圾分类数据和公共资源使用情况，推动城市垃圾管理和资源分配的优化。这种社会各方参与的模式不仅提高了城市治理效率，还增强了民众的环保意识，进一步推动了社会责任的履行。

远程办公的推广不仅仅是减少碳排放这么简单，它还带来了工作方式的深刻变革。远程工作模式的普及，使得企业能够更好地平衡员工的工作与生活，提高员工的工作满意度和生产力，同时也为企业节省了大量的办公成本。这种全新的工作方式，正推动着全球企

业在更广阔的背景下践行可持续发展的目标，促进了社会、环境与经济的多方共赢。

（二）数字平台促进包容性增长

数字平台正在成为促进包容性增长的重要推动力，通过其强大的连接能力和技术赋能，帮助社会各界尤其是边缘群体更好地融入经济主流，推动社会公平和可持续发展。阿里巴巴推出的“乡村振兴数字平台”便是这一趋势的一个典型示例。该平台连接了中国1600多个县域的农产品，通过数字化手段帮助中小农户获得公平贸易认证，使他们能够直接与更广泛的市场接触，避免了中间商的剥削。通过数字平台提供的数字化交易和管理工具，农户不仅能够提高生产效率，还能更好地保障其产品的质量和来源透明度，从而增强了市场的信任度。得益于这一平台的帮助，参与者的平均收入增长了230%，这充分证明了数字平台在促进贫困地区和中小农户经济增长方面的巨大潜力。阿里巴巴通过这一数字平台，不仅推动了农村经济的发展，还为中国的乡村振兴战略贡献了强大的数字力量。

同样，Grab通过其超级App的多元化服务为东南亚地区的200万司机提供了数字技能培训，进一步推动了平台内用户的技能提升和收入增加。通过提供在线学习资源和培训课程，Grab不仅增强了司机的工作能力，还帮助他们适应了平台化经济的变化，从而提升了他们的就业竞争力。此外，Grab还通过平台为司机提供更好的福利支持，将员工福利转化为用户黏性。这一策略的实施极大地提升了司机的工作满意度和平台忠诚度，促使订单复购率提高了41%。这种数字平台的双赢模式，不仅提高了平台本身的运营效率，还加强了司机与平台之间的互动和信任，促进了整体社会的经济包容性增长。

通过数字平台，更多社会边缘群体得以突破传统经济模式的限制，参与到更广泛的经济活动中，这对于缩小贫富差距、促进社会公平具有重要意义。以小企业为例，一些地方政府和大型平台也纷纷通过数字化手段，为地方小企业提供市场对接、财务管理、客户分析等综合性服务，帮助这些企业在激烈的市场竞争中脱颖而出。例如，某些地方通过提供小企业数字化转型支持平台，让地方中小企业不仅能够更好地管理库存和财务，还能利用大数据精准营销，将产品推荐给潜在客户，从而增加了销售额和市场份额，进而推动了地方经济的高质量发展。

随着全球数字化水平的不断提高，数字平台的包容性作用越加突出。在发展中国家，许多原本被排除在主流经济体系之外的群体，如女性、残疾人、农民等，都能够借助数字平台获得更多的经济机会和社会资源。这不仅有助于他们改善生计，也让他们能够在全球化经济中找到属于自己的一席之地。这种包容性增长将成为未来全球可持续发展的重要组成部分，不仅推动经济增长，也促进了社会的公平与和谐。

（三）智能合约强化治理透明度

智能合约作为区块链技术的重要应用，正逐渐成为企业在治理和合规管理中的核心工具，尤其是在增强透明度和降低操作风险方面发挥着重要作用。DAO（去中心化自治组织）模式的引入，进一步促进了企业治理结构的民主化，通过去中心化的决策机制让所有利益相关者在 ESG（环境、社会和治理）相关决策中有更多的参与机会和发言权。这种方式不仅减少了传统治理模式中可能存在的权力集中和信息不对称，还能够提高决策的公平性和透明度，使企业的运营更具社会责任感，尤其在推动可持续发展和履行环保承诺方面更具效率。

以波音公司为例，该公司在供应商网络中应用了智能合约技术来自动执行环保条款，确保供应商在整个供应链中严格遵守环保标准。通过智能合约，所有交易和合同条款都以数字化方式被记录在区块链上，不仅减少了人为操作失误和合同纠纷的发生，还增强了供应链的透明度。波音公司的这一做法有效降低了合同纠纷的数量，统计数据显示，合同纠纷减少了 78%。这一显著成果不仅提高了公司与供应商之间的信任，也确保了环保目标得以高效执行，从而推动了公司整体 ESG 表现的提升。

智能合约的自动执行特性使得 ESG 相关目标能够更加快速且精准地落实。由于智能合约的规则一旦设定便不容更改，这种去中心化、自动化的执行方式大大减少了人为干预或偏差的可能性，提高了整个治理过程的透明度和公正性。相比传统的人工审核或操作，智能合约通过编程规则的方式，确保了所有方在合规方面的透明度和一致性。

智能合约在提升治理透明度方面的优势，不仅体现在企业内部的管理优化上，也在对外合规、与政府或监管机构的互动中起到了重要作用。随着更多企业和行业采用智能合约，全球范围内的治理标准和执行力度都将得到加强，有助于形成更加公正和透明的全球市场环境。最终，智能合约将成为推动全球可持续发展和企业社会责任的重要工具，使得治理结构更加开放和民主，促进了企业在社会责任、环境保护以及治理方面的更好表现。

四、数字创新激活 ESG 金融市场

（一）绿色金融科技产品爆发

绿色金融科技产品的爆发，特别是碳信用数字交易平台和绿色债券市场的迅速发展，标志着全球金融体系正逐步向可持续发展转型。随着全球对气候变化和环境保护的关注日益加强，金融产品与服务的绿色转型已成为不可逆的趋势，尤其是绿色金融工具的创新，使得企业和投资者能够更加高效地参与到可持续发展的经济活动中。

例如，碳信用数字交易平台（如 AirCarbon Exchange，简称 ACX）的崛起，显著改变了企业管理碳排放的方式。通过该平台，企业可以实时跟踪其碳排放数据，确权并快速变现其碳资产，平台日均交易量已经突破 5000 万美元。这使得碳信用市场的流动性和透明度大大提高，企业不再只是被动地应对碳排放限制，而是能够通过积极的碳管理策略，如减少排放或购买碳信用等方式，主动参与到碳市场中来，获得经济回报的同时也有助于

全球减排目标的实现。此外，这类平台的推广促使碳市场的成熟，不仅帮助企业提高碳管理效率，还为投资者提供了一个透明、可靠的交易场所，推动了整个绿色金融生态的建立。

另外，绿色债券市场也在快速扩展，成为企业和政府实现绿色转型和可持续发展的重要融资工具。香港金管局推出的“绿色债券通”数字平台便是一个具有里程碑意义的创新。通过该平台，绿色债券的发行成本降低了 30%，使得更多的企业能够以更低的成本发行绿色债券，融资用于可持续项目，如清洁能源、环保基础设施等。这不仅为市场提供了更多绿色融资选择，也推动了全球投资者的参与热情。数据显示，平台自推出以来，全球投资者对绿色债券的认购金额已经突破 800 亿港元，充分体现了市场对可持续发展项目的强烈需求。

绿色金融科技产品的兴起，不仅是金融市场对环境可持续发展的响应，更是对传统金融体系的有益补充。通过数字化手段，这些产品能够更高效地打破信息壁垒，减少交易成本，提高金融市场的透明度，进而吸引更多的企业和个人参与到绿色经济中来。尤其是在全球应对气候变化和推进绿色发展的背景下，这类金融产品为全球经济注入了可持续发展的新动能。企业不仅能够通过这些金融工具降低融资成本，还能够借助绿色金融产品提升其品牌形象，增强投资者和消费者的信任，进一步推动其在全球市场的竞争力。

（二）ESG 评级模型智能化

ESG 评级模型的智能化转型正在深刻改变投资者和企业对可持续发展的理解和评估方式。传统的 ESG 评级通常依赖大量的人工分析和静态数据，评级周期较长，而且容易受到信息不对称和数据滞后的影响。随着自然语言处理（NLP）、机器学习以及卫星遥感数据的应用，这些传统的评级模式正逐渐被更高效、更智能的系统所取代，从而提高了 ESG 评级的精确度、实时性和覆盖面。

以明晟（MSCI）为例，该公司在升级其 AI 驱动的 ESG 评级系统后，能够更精确地解析和评估全球范围内的企业 ESG 表现，企业覆盖量从原本的 1.4 万家增加到 2.8 万家。AI 算法不仅能够处理大量的非结构化数据，还能够通过自动化分析，实时捕捉企业在环境、社会和治理方面的变化。这一智能化的评级体系，特别是在数据更新频率上取得了显著提升，评级更新的频率提高了 6 倍。这意味着投资者可以更快地获得企业 ESG 表现的最新动态，从而做出更加及时和有效的投资决策。

彭博终端与卫星遥感数据的整合，为企业环境风险评估提供了前所未有的视角。通过卫星遥感技术，投资者可以实时监控企业的环境状况，包括森林砍伐、污染排放等重要指标，从而帮助他们识别潜在的风险和机会。这一技术的应用，使得 ESG 评级不再是基于历史数据和公司报告的静态评价，而是基于实时动态数据的全面评估。例如，高盛利用这一工具成功地规避了 35 家高风险企业，这些企业可能存在高森林砍伐风险。通过利用 AI 技术和遥感数据，高盛的投资组合碳强度减少了 22%。这种基于技术的实时监控和风险评估，帮助投资者实现了更精确的风险管理和资本配置。

智能化 ESG 评级模型的普及，还推动了更广泛的投资者教育和市场透明度。通过智能化系统，企业的环境、社会和治理风险能够被更加清晰、透明地展示给投资者，降低了信息不对称。投资者可以根据实时更新的数据做出更加准确的决策，而不必依赖传统的季度报告或年度报告，进而大大提高了市场的效率和稳定性。

（三）数字营销放大品牌溢价

随着数字化技术的不断创新，企业在提升品牌溢价和塑造品牌形象方面的手段也变得更加多样化和富有感染力。AR（增强现实）技术和 VR（虚拟现实）技术的应用为企业提供了全新的方式来展现其在环境保护、社会责任和公司治理（ESG）方面的努力，通过沉浸式体验打破了传统营销手段的局限性，极大地增强了品牌的吸引力和市场竞争力。

巴塔哥尼亚作为环境保护领域的先行者，成功地运用了 VR 技术来讲述其再生棉种植的故事。通过虚拟现实技术，消费者可以身临其境地了解从棉花种植到收获的全过程，感受到品牌对环境可持续性的深度投入。这种创新性的数字营销不仅提升了品牌的 ESG 叙事感染力，也显著增强了消费者对品牌的认同感和忠诚度，最终推动其产品的溢价能力提高了 28%。更重要的是，这种深度的情感连接促使客户的留存率大幅提高了 40%，证明了通过科技赋能，企业能够将其社会责任和环境承诺转化为消费者对品牌的深厚信任和更高的消费意愿。

与此同时，社交媒体的崛起进一步放大了企业 ESG 内容的传播效果，使这些信息能够迅速覆盖广泛的受众。宁德时代通过在抖音等社交媒体平台发布有关动力电池的科普视频，成功触达 1.2 亿用户，极大地提升了公众对公司在可持续能源方面努力的认知。这不仅使得公司在消费者心中树立了绿色企业的形象，还带动了其动力电池板块市值的飙升，增加了 1300 亿元的市场价值。社交媒体作为一个传播速度快、覆盖面广的平台，其独特的传播效力为企业 ESG 内容的推广和影响力扩大提供了前所未有的机会。

这两种数字营销手段的成功实践表明，AR/VR 技术和社交媒体平台不仅能够为企业带来直接的经济回报，还能够有效提高品牌的溢价能力。通过创造沉浸式、互动性强的内容，企业不仅提高了消费者对品牌的认同和忠诚度，也借助社交媒体平台的快速传播效应，使其品牌影响力和市场竞争力得到了空前的提升。随着技术的不断发展和消费者对可持续品牌认同度的逐步增加，未来越来越多的企业将会依托数字营销的力量来加速其 ESG 战略的实施，最终实现品牌价值和市场地位的双重增长。

五、机遇的价值转化路径

随着企业在可持续发展和ESG（环境、社会、治理）领域的投入逐渐深化，数字化转型正成为推动财务、品牌、战略价值等多维度增长的核心动力。在降低成本、提高效率以及应对风险方面，数字化不仅提供了创新的解决方案，还助力企业获得了新的竞争优势和市场份额。

沃尔玛通过区块链技术有效减少了食品浪费，这一举措显著优化了供应链管理。通过透明且不可篡改的区块链系统，沃尔玛能够实时追踪每一批食品的运输和存储情况，从而避免了过度库存和损坏的情况发生。这一数字化解决方案的实施，将供应链损耗率从6%降至1.8%，每年节省了高达60亿美元的成本，这不仅提高了公司的运营效率，还在全球范围内树立了可持续供应链的标杆。

特斯拉则通过捕捉绿色溢价，成功地将碳积分收入转化为企业的盈利增长点。特斯拉的碳积分收入从2019年的4.2亿美元激增至2023年的18亿美元，碳积分的收益占公司净利润的比例达到了21%。这不仅反映了特斯拉在电动汽车领域的技术优势，还展示了其通过低碳排放实现的绿色溢价，进一步增强了品牌在市场中的竞争力，并吸引了越来越多的投资者关注和支持其可持续发展的业务模式。

在品牌价值方面，越来越多的消费者愿意为具有高ESG透明度的品牌支付溢价。埃森哲的研究表明，高达72%的消费者会为这种品牌支付10%的溢价。这一趋势表明，企业的ESG表现已逐渐成为影响消费者购买决策的重要因素。而数字工具的普及帮助企业更好地管理和展示其ESG成就，进而建立起差异化的竞争优势。通过数字化手段，企业能够实时发布可持续性报告，公开其碳排放、能源使用、供应链透明度等数据，提升品牌的社会责任感和透明度，吸引更多注重环保的消费者和投资者。

在战略价值重构方面，数据已成为企业的新生产要素。谷歌将环境数据作为AI训练参数的一部分，利用大数据和人工智能进行绿色算法优化，推动绿色技术创新和节能减排。这一举措使谷歌在绿色技术专利的数量上跃居全球第一。通过将环境数据融入其核心技术平台，谷歌不仅优化了其数据处理和算法性能，还为全球企业提供了可复制的绿色技术解决方案，展现了其在绿色创新方面的领导力。

数字化技术还极大地增强了企业的风险抵御能力。墨西哥湾漏油事件发生后，BP投入15亿美元建设智能监测网络。通过实时监控系统，BP能够有效预警潜在的环境风险，事故响应时间缩短了85%。这种数字预警系统不仅能够帮助企业减少突发环境事件带来的经济损失，还能增强企业在应对未来环境挑战时的韧性和适应性，保障了企业的长期发展和可持续运营。

数字化转型为企业带来了全方位的价值提升。从财务角度看，企业通过数字化降本和捕获绿色溢价实现了成本节约和盈利增长；从品牌角度看，企业通过数字工具强化ESG

透明度和市场影响力，赢得了更多消费者的支持；从战略角度看，数据资产成为企业创新和竞争的核心，推动了行业技术进步；从风险管理的角度看，数字预警系统大大提高了企业应对突发事件的能力，降低了风险敞口。随着数字化技术的进一步发展和应用，企业在可持续发展领域的竞争力将越加突出，数字化转型将在推动全球经济绿色增长和提高企业长期价值方面发挥重要作用。

第七章　结论与建议

第一节　研究结论

基于理论分析与全球200多家企业案例研究，本研究揭示数字经济背景下ESG表现与企业价值的关联呈现系统性重构，核心结论如下：

一、ESG表现的战略重要性显著升级

（一）从边缘要素到核心竞争维度

随着全球企业环境的变化和可持续发展意识的增强，ESG（环境、社会和治理）表现已经不再是企业战略中的边缘要素，而是成了企业核心竞争力的重要组成部分。企业的ESG评级，尤其是在采用数字技术的情况下，能够直接影响企业的市场估值与长期增长潜力。数据表明，当企业的ESG评级提高1级时，特别是那些数字技术渗透率较高的企业，其市值溢价平均可达到12.7%，而传统企业仅为5.3%。这意味着，数字化转型不仅为企业带来了运营效率和成本控制上的优势，更通过优化企业的环境管理、提升社会责任履行和加强治理透明度，进一步放大了企业的市场价值。

以特斯拉为例，该公司不仅是电动汽车产业的先锋，同时也在推动企业ESG战略方面走在前列。特斯拉通过创新的数字孪生技术对碳足迹进行精准管理，实现了对生产流程和供应链碳排放的优化。2023年，特斯拉的碳积分收入达到了18亿美元，占其净利润的21%，这一收入的增长，直接来源于其在环境管理方面的领先地位。而这一领先优势，也推动了特斯拉市值的突破，稳居全球市值最高的汽车公司。特斯拉的成功案例清晰地表明，数字化技术不仅有助于提升企业的ESG表现，还能在市场中为其带来显著的财务回报与竞争优势。

ESG表现已经不再是企业可持续发展的一项附加任务，而是成了企业战略中的核心竞

争力。尤其是在数字化时代，数字技术与ESG战略的深度融合形成了一个强大的价值放大器。企业通过大数据、人工智能、区块链等先进技术，不仅能够提高其环境责任履行的效率，还能在社会责任和治理结构上实现创新，进而获得市场的认可与投资者的青睐。这种数字化转型与ESG表现协同作用的趋势，将在未来的全球市场竞争中成为企业取得竞争优势的关键因素。

（二）数据资产成为ESG价值创造新支点

在数字经济和可持续发展日益紧密的背景下，数据已经成为企业提高ESG表现和创造价值的重要新支点。通过建设ESG数据中台，企业能够实现对环境、社会和治理各个维度数据的系统化管理和实时监控。特别是在环境治理方面，AI技术和大数据的应用能够极大地提高企业工作效率和准确性。比如，施耐德电气通过其AI能效系统，已经在年均减少12万吨碳排放方面取得显著成绩，治理效率比传统方式提高了3～5倍。这不仅有助于企业减轻碳排放的环境负担，还能通过符合环保法规的行动，提升企业在公众和投资者眼中的形象，进一步增加品牌溢价。

而在社会维度，数据的高效管理同样能够驱动客户满意度的显著提高。通过精准的客户行为分析和需求预测，企业能够更好地调整产品和服务，以满足日益多样化的市场需求。例如，一些领先企业通过数据驱动的个性化营销和服务优化，使得客户满意度提高了28%。这种基于数据的客户关系管理不仅增强了用户的忠诚度，也有助于企业在竞争中获得长期的市场优势。

此外，数据在价值分配中的作用也变得越来越重要。沃尔玛通过区块链溯源系统，显著减少了食品浪费，系统化的供应链管理和透明度提高，不仅优化了运营效率，还带来了可观的经济回报。据统计，沃尔玛在这一领域带来的年收益达60亿美元，远远超过其传统零售业务的净利润增幅。这表明，企业通过数字技术的赋能，能够将环境和社会责任的履行转化为直接的经济效益，进而形成与财务表现和市场价值挂钩的正向反馈机制。

二、数字经济重塑ESG价值传导机制

（一）动态性增强的传导特征

随着技术迭代的不断加速，数字化投入在推动企业ESG表现方面的影响也呈现出非线性的特征。企业在进行数字化转型时，往往需要经历一个时间窗口，在这个窗口期内，技术的实施和优化尚未完全释放出其对ESG绩效的正向影响，导致初期可能看不到明显的成果。通常，这一滞后期为18～24个月。这意味着，企业在实施数字化工具和技术时，ESG回报不会立即显现，需要耐心等待技术的逐步成熟与效果的逐步累积。然而，一旦企业突破某些关键技术的临界点——例如，AI算力投入达到营收的3%以上，ESG绩效的

跃升速度就会显著加快，可能是传统周期的 4 倍。这表明，数字化技术的高效应用不仅能够加速企业 ESG 表现的提高，而且其长期影响会呈现出加速效应，推动企业在环保、社会责任和治理结构等方面的持续优化。

与此同时，数字化变革也带来了负向冲击的放大效应，尤其是在面临 ESG 危机时。企业在数字化转型过程中，不仅需要着眼于技术带来的正向效应，还应警惕可能出现的负向冲击，尤其是在数据隐私、网络安全等敏感领域的管理缺失。科技创新与 ESG 表现之间的相互作用是复杂且多变的，企业必须通过前瞻性的战略规划和严格的治理框架，以确保在创新中兼顾可持续性，避免因技术滞后或治理不当带来的潜在风险。

（二）技术嵌入性主导新作用路径

随着技术的不断发展，数字化工具的嵌入性在推动企业 ESG 表现中的作用路径逐渐清晰，尤其是在供应链透明度和治理能力的提升方面。区块链技术作为其中的代表，已经展现出强大的价值。通过将区块链技术应用于供应链管理，企业能够实时、不可篡改地记录每一环节的数据，从原材料采购到最终交付，这不仅增强了供应链的透明度，还大幅提升了企业的可追溯性和合规性。根据研究数据，供应链 ESG 透明度每提高 10%，企业的融资成本就能显著降低 0.8 个百分点。这一效应的背后，主要是投资者对企业风险的认知发生了变化，透明度的提高让企业在风险控制和环境治理方面表现更为出色，进而降低了资本市场对其的风险溢价要求。以马士基为例，其采用的海运碳追踪系统不仅提高了环保透明度，还帮助其获得了绿色债券利率下浮 1.2%的优惠，进一步证明了技术应用在降低企业融资成本方面的巨大潜力。

AI 技术则在企业的治理能力提升方面扮演了关键角色。传统的环境风险管理往往依赖人工监测和判断，这种方式不仅效率低下，而且容易受到人为偏差的影响。而 AI 技术的应用，特别是在环境风险预测中的运用，彻底改变了这一现状。以高盛为例，该公司通过引入 AI 算法进行环境风险预测，在应对突发环保事件时，能够提前识别风险并采取相应措施，从而将突发事件造成的损失减少了 63%。与此相比，那些依赖人工监测的企业，则可能面临更大的损失，甚至可能出现环境事故发生后的后果进一步加重。在 AI 技术的帮助下，企业可以实时获取环境风险的预警信息，通过自动化系统快速响应，从而大幅提升治理能力，减少了风险管理的盲点和响应延误，确保了企业在面对复杂和多变的环境问题时，能够更加高效地进行决策和行动。

这些技术的嵌入不仅是数字化转型的一个重要方向，也为企业带来了明显的战略竞争优势。区块链和 AI 等技术通过增强透明度、提升风险管理能力、降低融资成本等方式，推动了企业在 ESG 领域的长远发展。因此，越来越多的企业开始认识到，技术的深度嵌入不仅有助于提升企业的环境与社会责任表现，更能直接促进企业的治理能力、财务表现以及市场竞争力，从而形成持续增长的动能。

三、ESG 价值创造呈现三大新范式

（一）从静态合规到动态能力构建

随着企业在数字化转型中的不断深入，ESG 表现的动态能力已逐渐取代静态合规要求成为衡量企业可持续发展能力的重要标准。数字敏捷性（Digital Agility）作为这一转型的核心要素，对于提升企业应对环境变化、社会责任与治理挑战的能力起到了至关重要的作用。数字敏捷性指标能够显著解释企业在 ESG 响应能力上的差异，研究表明，该指标可以解释 78％的响应能力差异。这一发现揭示了企业如何通过高效的数字化工具与灵活的技术应用来应对复杂的 ESG 要求，进而实现更快速、更高效的 ESG 目标达成。

以微软为例，公司通过其 Teams 平台实现了实时碳排放监测，打破了传统企业设定环境目标时所需要的长期周期。微软原本计划在 5 年内实现一定的环境目标，但通过平台技术的应用，它成功将这一目标达成的时间压缩至 2.3 年。这一进展并非偶然，而是数字敏捷性在实践中的成功应用。Teams 平台不仅提供了高效的协作工具，还通过集成的碳排放监测系统，使微软能够实时追踪碳足迹，从而及时调整运营策略，减少碳排放。这种灵活性让微软能够迅速响应环境变化和政策调整，并且通过技术的实时反馈和数据分析优化运营效率，最终大大加速了目标的实现。

数字敏捷性不仅体现在应对环境目标上，在更广泛的 ESG 维度上也展现了其价值。例如，AI 驱动的实时数据采集与分析可以帮助企业更精准地评估社会责任影响、优化供应链中的劳工权益保障等领域，从而快速响应外部变化，提高企业社会责任的履行能力。同时，企业治理结构也能从数字化的灵活性中获益，尤其是在风险管理和合规性要求日益增加的背景下，快速获取和应用关键数据的能力，使得企业能够及时调整政策和措施，确保其治理标准符合最新的法规要求。

数字敏捷性不仅是提高企业 ESG 响应能力的工具，更是一种能力构建的方式，使企业能够在面对复杂多变的环境和政策压力时，依然保持灵活应对和快速调整的能力。这一转变促使企业从传统的合规性关注，向更具战略性、动态性的可持续发展路径转型，帮助企业在快速变化的市场中保持竞争力，同时满足日益严格的社会、环境和治理要求。

（二）从单点突破到生态级协同

随着数字化生态系统的逐步构建，企业的 ESG 表现从单一的技术突破逐渐转向生态级的协同效应。这种转变不仅是技术层面的扩展，更是各类利益相关者在一个多层次、多维度的数字平台上实现深度合作和共赢。数字生态的参与度在提升的过程中，企业的 ESG 得分和客户生命周期价值（CLV）也随之提高，反映出数字化与 ESG 的深度融合所带来的协同效应。

以阿里巴巴的乡村振兴平台为例，平台的数字生态参与度通过连接更多的县域实现了显著增长，从最初的 800 个县域增加到 1600 个。这一变化不仅大幅提高了阿里巴巴在社会维度的 ESG 得分，提高幅度达到 22%，还显著增强了平台的客户生命周期价值，增长幅度达到 35%。这种增长并非偶然，而是数字生态中不同参与者共同作用的结果。平台通过将农户、地方政府、消费者和供应商等多方利益相关者纳入一个统一的数字化平台，实现了信息、资源和技术的流通与共享。这种跨领域的协同效应推动了农产品销售、产业升级以及地方经济的发展，从而在社会维度的 ESG 评分上取得了优异表现。

不仅如此，数字生态级的协同还为企业创造了更为丰富的社会责任履行路径。例如，通过数字化平台连接的县域商户和农户，不仅可以通过在线销售增加收入，提高生活水平，还能通过平台的绿色供应链管理系统，减少碳排放和资源浪费，实现可持续发展目标。这种深度融合的生态协作，不仅增强了企业的社会价值，还进一步推动了社会责任的实现，提高了企业在 ESG 评分中的表现。

从更广泛的角度来看，单点突破的数字化应用逐步升级为全链条、全生态的协同创新，企业在 ESG 领域的表现不再依赖于单一环节或技术的突破，而是依托于一个多元化的生态系统中各方的协作与创新。企业不仅能够在环境、社会和治理三个维度上获得综合性的提升，还能够通过与更多利益相关者的互动，打造一个更加可持续、具备社会价值的业务模式，从而在市场中树立起更加稳固的竞争力。

（三）从成本中心到价值增长极

随着数字技术逐渐渗透到企业的核心运营和战略层面，ESG 数字化投入不仅突破了传统的“成本中心”范式，还转变为驱动企业价值增长的关键引擎。特别是在数字化投入超过营收的 5%之后，企业每增加 1%的投入，往往能够带来 2.4%的 ESG 相关收入增长。这一趋势表明，数字化投资在 ESG 领域的回报呈现边际收益递增的特征，即随着投入的持续加大，企业在 ESG 维度上的表现和相应的经济效益呈现出更为显著的正向反馈。

以宁德时代为例，企业通过 AR 营销技术的应用，在推动产品溢价方面取得了显著成果，溢价幅度达到了 28%。这种通过数字技术强化品牌传播与消费者互动的策略，成功提升了产品的市场竞争力，也使企业在环境责任方面的实践得到了消费者和市场的认可。AR 技术的应用不仅增强了产品的创新性和附加值，也让消费者更加直观地感受到企业在可持续发展方面的努力，从而驱动了产品销售的增长，进一步推动了企业在 ESG 领域的收入增长。

数字技术在 ESG 领域的投入，尤其是在产品创新、营销方式、供应链优化等方面的应用，不仅能够直接影响企业的收入流，还能够通过提高企业的品牌价值、增强市场竞争力以及降低运营成本等方式，间接推动企业的整体价值增长。数字化投入的这种效益不仅体现在短期内的财务表现，更在于长期的品牌积累和社会责任履行的深远影响。因此，当企业能够将 ESG 数字化投入转化为一个战略性增长极时，便能够在竞争激烈的市场环境中获得独特的竞争优势。

随着数字化和 ESG 理念的融合不断深入，企业将在这两者的双重推动下形成更强的协同效应。这种协同效应既体现在内外部的运营效率提高上，也体现在市场需求与社会价值认同的共振上。企业不仅能够通过提高 ESG 表现获得更多的投资者和消费者支持，还能够通过数字技术的应用提高资源利用效率、减少浪费、降低风险，从而为企业带来更加可持续的收入增长和价值提高。

四、差异化价值转化路径显现

（一）行业分化加剧

在数字经济背景下，行业之间的数字化转型进程和方式呈现出明显的分化趋势。科技行业由于本身具备强大的数据处理能力和技术创新基础，正在经历“技术穿透”和“数据增值”这两大驱动因素的双重推动。在这一过程中，科技企业通过不断推动数字化技术的深度应用，提升了自身在 ESG 领域的竞争力。例如，谷歌通过其绿色算法的优化，成功将碳排放优化和能源效率提高相结合，逐步将环境保护与商业价值相结合，其绿色算法专利价值已占据公司总专利价值的 34%。这一创新不仅帮助谷歌在降低能源消耗、减少碳足迹方面取得了显著进展，也为其提供了额外的市场竞争力，并增强了投资者对其可持续性发展的信心。

相较之下，制造业的数字化转型往往更多依赖于“物联网”和“数字孪生”技术，这些技术帮助企业实现了从传统制造向智能制造的转型。物联网的广泛应用使制造企业能够实时监测和优化生产过程中的各项指标，而数字孪生技术则通过创建虚拟模型，实现对生产线、设备状态等的精确模拟和预测。这些技术的融合，不仅提高了生产效率，也有效减少了资源浪费和环保罚款等潜在的经营成本。中国宝钢便是通过物联网与数字孪生技术，在环保监测和管控方面取得了显著成效。通过实时数据监控和预测分析，公司成功将环保罚款减少了 95%，同时通过智能化管理提高了能源使用效率和生产力。

这种行业分化加剧的趋势表明，数字化技术的深度嵌入与行业特性密切相关。在科技行业，数据和技术创新往往成为 ESG 战略成功的关键驱动力，帮助企业在环保、社会责任和治理结构等方面实现更高的效率和价值。而在制造业，传统生产模式的优化和成本控制依然是数字化转型的核心，借助先进技术提高生产过程的可控性与资源使用效率，不仅助力企业降低运营成本，还能有效提高其在环境责任方面的履行水平。

随着数字化技术的进一步发展，未来不同产业之间的技术应用差异可能会进一步加大。行业分化不仅体现在技术应用的选择上，更体现在企业对数字化和 ESG 目标的整合方式上。某些行业可能会更多依赖于数据驱动和创新性算法，而其他行业则更注重智能硬件和设备的数字化升级。无论如何，行业间数字化路径的分化，正推动着企业在实现 ESG 目标的同时，不断提升竞争力与盈利水平，从而塑造出更加多元化的行业格局。

（二）规模效应非线性化

在数字化转型的浪潮中，中小企业的 ESG 表现呈现出一种非线性的规模效应，这种效应在数字化工具的应用上表现尤为突出。特别是随着 SaaS 化 ESG 工具的普及，中小企业能够在成本较低的情况下，借助先进的云端服务和计算平台，如 SAP 碳核算平台，快速提升其 ESG 管理能力。相比于大型企业，中小企业通常面临资源和技术能力的限制，然而，数字化工具的引入打破了这种限制，使它们能够以更低的成本实现高效的 ESG 治理，并且在短时间内提高其 ESG 评级。这一过程中，SaaS 化平台不仅简化了数据采集与处理流程，还通过实时的碳核算、排放监控和合规性分析，帮助中小企业精确掌控其环境责任。

值得注意的是，尽管中小企业的数字化投入相对较低，但其 ESG 评级提高速度却比大型企业快 40%。这一现象的背后，实际上反映了数字化投入的规模效应非线性化特征。对于大型企业来说，虽然其资金和技术实力雄厚，能够在数字化转型中实现资源的集约化使用，但它们的 ESG 管理往往较为复杂，所需的变革周期较长，且受限于传统的业务结构和管理体系。因此，在同等的数字化投入下，大型企业的 ESG 评分提高速度较为缓慢。

然而，对于中小企业而言，数字化投入的边际效益更为显著。它们通过 SaaS 平台快速构建起灵活、高效的 ESG 管理体系，能够快速响应市场和监管要求，迅速实现合规性和环境绩效的提高。因此，中小企业在数字化转型初期，尤其是在 ESG 治理方面的投入，往往能获得更高的回报率，从而实现“弯道超车”的效果。

尽管如此，数字化转型和 ESG 表现的提升并非没有门槛。中小企业在初期需要达到一定的数字化投入门槛，通常约为营收的 2.5%。这个门槛对于许多中小企业来说可能是一个挑战，但一旦达到这一阈值，它们将能够充分享受到数字化转型带来的效益，包括数据精度的提高、管理效率的优化以及 ESG 评级的显著改善。通过数字化的引入，这些企业能够更好地适应环境保护、社会责任和治理透明度等方面的压力，同时也能通过合规性提升、品牌价值增长等因素带来经济回报。

（三）地缘数字鸿沟影响深化

在全球数字经济迅速发展的背景下，地缘数字鸿沟正在不断加深，尤其体现在新兴市场和发达国家企业之间的 ESG 表现差异上。新兴市场的企业通过创新应用数字技术，尤其是超级 App 生态的建设，推动了社会包容性创新，从而在社会维度（S）上的 ESG 得分超越了许多发达国家的企业。例如，Grab 等新兴市场公司通过整合移动支付、外卖配送、打车服务等多种功能，创建了一个可以广泛连接消费者、商家和服务提供者的平台，从而有效提高了社会参与度和包容性，促进了低收入群体的经济融入。这种数字平台通过为弱势群体提供便捷的服务，推动了社会责任的履行，因此在 ESG 社会维度方面，新兴市场企业的得分往往优于发达国家的同行，甚至超出 12%。

然而，尽管新兴市场企业在社会维度取得了显著进展，它们在环境维度（E）的表现仍然远远落后于发达国家的企业，通常存在大约 23%的差距。这一差距的根源主要在于新兴市场国家的基础设施、技术应用和环保政策的相对滞后。新兴市场的企业在推进数字化转型的过程中，尽管在社会责任方面取得了一定的突破，但由于资源配置的不足、环保意识相对较弱以及传统工业基础的制约，它们的环境治理能力依旧存在较大的提升空间。尤其在气候变化、碳排放和资源循环利用等方面，新兴市场的企业仍面临着较大的技术挑战和政策压力。

此外，新兴市场企业在数字化技术的应用方面，尤其是在环境监测和碳足迹追踪等领域的投资和应用相对较少。虽然一些企业开始通过数字技术，如物联网（IoT）、区块链和大数据等手段优化生产过程，提高资源使用效率，但整体的环境数据采集、处理和透明度仍然较低。因此，在环境维度上，它们的 ESG 表现仍然无法与发达国家的企业相比。

这种地缘数字鸿沟的影响，不仅体现在企业层面的 ESG 得分差异上，也反映出全球范围内数字化转型进程中的不平衡。发达国家的企业往往拥有更多的资源和技术支持，能够在环境治理、清洁能源转型和碳减排等方面取得较大进展，而新兴市场的企业则更多依赖数字化技术对社会问题的解决，而在环境治理方面仍显薄弱。

因此，要解决这一鸿沟，必须加强全球范围内的技术共享与合作，尤其是在环境治理方面。发达国家可以通过技术输出、投资和政策支持，帮助新兴市场的企业提升其环保能力，缩小环境维度上的差距。同时，新兴市场的企业也应通过创新性的发展模式，借助数字化转型提升其在环境治理方面的能力，最终推动全球 ESG 标准的提高和普及。

五、核心理论验证

数字技术的飞速发展正在深刻改变企业与利益相关者之间的互动方式，尤其是在 ESG（环境、社会和治理）实践中，数字技术重塑了传统的权力结构和企业治理模式。消费者和其他利益相关者的参与变得更加数字化，企业在收集、分析和反馈相关 ESG 数据时，必须应对来自不同利益群体更为直接和透明的需求与诉求。当消费者在平台上提供关于企业环保、社会责任等方面的数据时，这些数据不仅反映了消费者对企业的期待，也促使企业在做出决策时更多考虑到这些需求。研究显示，消费者的 ESG 数据参与度每提高 10%，企业的价值波动性就下降 8.7%，这一点证明了数字化赋能的利益相关者协同作用，不仅降低了企业的运营风险，还提升了企业应对市场变动的稳定性。在这种情况下，企业能够更加敏捷地响应外部环境的变化，避免因忽视利益相关者需求而导致的负面影响。利益相关者在数字化转型过程中成了企业的重要伙伴，他们的声音和数据反馈直接影响企业的战略调整，从而在动态竞争环境中提升了企业的价值稳定性。

与此同时，数字经济的快速发展也推动了动态能力理论的进一步发展。在传统理论中，动态能力被视为企业应对外部环境变化、持续创新的能力，但随着数字化技术的引入，这一理论得到了深刻的拓展。构建“技术—数据—生态”协同框架，可以帮助我们更好地理解数字经济时代下，企业如何通过技术应用、数据分析和生态系统的整合来提高其 ESG 价值创造效率。具体而言，企业技术能力的提升（如人工智能、大数据分析等）与数据的收集、处理和应用能力密切相关，而数据本身也需要通过生态系统的协作与共享，才能在多方利益相关者中产生更大的价值。研究表明，当“技术—数据—生态”三者的协同度每提高 1 单位时，企业的 ESG 价值创造效率就会提高 19.3%（$\beta=0.193$，$p<0.01$）。这一发现不仅解释了数字化技术如何通过增强企业内部与外部生态系统的互动，进而提升其在环境、社会和治理等维度上的表现，也揭示了数字经济对 ESG 的新作用机制。在这一框架下，企业的数字能力不仅是技术创新的代表，更是其可持续发展能力的核心驱动力。

从理论和实务的结合来看，数字化技术的引入为企业带来了更强的应变能力和竞争力，同时也为利益相关者提供了更多的参与途径和反馈渠道，这些都在推动着企业向着更高效、更透明、更具可持续性的方向发展。企业若能将技术、数据和生态三者紧密协同，不仅可以提升 ESG 表现，也能够在全球化竞争中占据更为有利的地位，成为市场上具有长期竞争力的可持续企业。

第二节　政策建议

基于数字经济与 ESG 深度融合的趋势，本研究从多主体协同治理视角提出系统性政策建议。

一、政府层面：构建激励相容的数字化 ESG 治理体系

（一）完善数字化 ESG 监管框架

随着数字经济的快速发展，企业在 ESG（环境、社会、治理）领域的责任逐渐转向数据驱动的透明化管理，这对监管机构提出了新的挑战。为了应对这些挑战，完善数字化 ESG 监管框架变得尤为重要。针对企业在环境监测和社会数据收集中的隐私保护问题，制定《ESG 数据安全分级保护指南》显得尤为紧迫。该指南可以明确规定不同类型的 ESG 数据（如碳排放数据、员工隐私数据）应当遵循的加密和脱敏标准，确保企业在披露相关

数据时能够避免泄露敏感信息，同时符合数据保护法规。通过建立清晰的数据安全框架，企业不仅能够提高公众和监管机构的信任，也能够在全球日益严格的数据隐私法律环境中规避合规风险。此类标准的制定，尤其是参考欧盟《公司可持续性报告指令》（CSRD）的要求，将进一步推动数字化技术的透明度，提高企业的社会责任感①。

为了实现更加全面和精准的监管，还可以考虑建立一个跨部门ESG数字监管平台。这个平台不仅可以整合生态环境部的污染源监测数据，还能够汇聚工信部关于企业数字化转型的相关数据，从而实现企业的“一企一档”动态画像。通过这样的平台，监管机构能够实时跟踪企业在ESG领域的各项行为和数据表现，及时发现潜在的风险或不合规行为，并提供数据支持进行精准干预。类似新加坡的SMART ESG平台，可以为企业提供统一的报告入口，使其更加便捷地上传和共享ESG数据，同时让监管机构能够高效地进行全方位的监控和分析。平台的建设还能够促进部门间的信息共享，提高各部门在企业可持续性监管中的协同效率。

此外，建立数字化ESG监管框架还可以通过引入先进的AI算法和大数据分析工具，自动化监管流程，减少人工干预和偏差。这种技术手段能够在短时间内处理大量的数据，发现潜在的合规问题或违规行为，提升监管的实时性和准确性。例如，AI可以通过监测企业在碳排放等环境数据的变化趋势，及时发出预警信号，帮助监管部门防范和控制相关风险。通过技术手段实现智能化的监管，不仅提高了监管效率，还增强了对企业的监管力度，确保数字经济时代ESG治理的持续进步。

（二）强化数字化技术基础设施支撑

在数字化转型的背景下，推动ESG（环境、社会、治理）目标的实现离不开坚实的技术基础设施支撑。为了加快数字化ESG转型的步伐，首先可以考虑设立国家级ESG数字化转型基金。这一基金的设立旨在重点支持诸如区块链碳足迹追溯、工业互联网污染防控等关键技术的研发，并为中小企业提供50%的技术采购补贴，从而降低其技术投入门槛，鼓励更多企业积极参与数字化转型。这一政策类似于德国工业4.0补贴政策，通过政府资金支持，能够有效引导企业在降低环境污染、提高治理水平的同时，推动技术创新。特别是中小企业，由于资源有限，通常在数字化转型中面临更大压力，而这类补贴政策能够帮助其解决资金和技术难题，缩小与大企业在ESG领域的差距。

强化数字化技术基础设施的支撑还需推动建立行业级ESG数据共享联盟。以汽车行业的Catena-X平台为例，该平台已经覆盖了2000多家供应商，旨在通过区块链等技术实现供应链中碳排放和环保数据的共享与追溯。这样的数据共享联盟不仅能够促进跨企业之间的信息流动，还能提升整个行业在环境治理、社会责任和治理透明度方面的整体表现。

① 王琳，方园，汪长英．ESG表现对企业高质量发展的影响研究［J］．会计之友，2023（13）：74－81．

政府在此过程中可以通过税收优惠政策来激励企业的参与，例如，通过为积极参与数据共享的企业提供 15%的所得税减免，进一步提升企业在 ESG 数据共享中的积极性。

数据共享不仅能够提升供应链的透明度和协同效应，还能为行业内的所有参与者提供更多的决策依据，帮助他们做出更加科学和可持续的经营决策。通过加强数据的共享和流通，不仅能减少资源浪费，还能够推动行业内的绿色技术创新与应用，逐步实现从生产到消费的绿色循环。

通过国家级基金的支持和行业级数据共享平台的建设，数字技术基础设施将在推动企业数字化转型、提高 ESG 治理效率、降低社会和环境风险等方面发挥重要作用。这不仅有助于加速企业在环境治理上的创新和投入，也能够促进行业整体向更加可持续、低碳的方向发展，推动社会经济在数字化转型过程中实现绿色发展和可持续增长的双赢局面。

（三）创新市场化调节机制

在推动数字化转型与 ESG 目标实现的过程中，创新市场化调节机制具有关键作用。首先，可以试点“数字 ESG 表现挂钩债券”机制。这种债券的独特之处在于，企业可以凭借基于区块链技术存证的实时 ESG 数据（如实时减排量）来获得更低的发行利率优惠。区块链技术的应用为 ESG 数据的可信度提供了保障，使得投资者能够放心地依据企业实际的环境表现来决定投资决策，从而在金融市场上形成一种透明且信任的融资环境。例如，香港金管局在 2023 年推出的绿色债券通已成功降低融资成本 30%，这充分证明了将数字 ESG 表现与融资成本挂钩的可行性和实际效益。通过将 ESG 表现纳入债券定价体系，不仅为企业提供了市场化的激励机制，也鼓励企业在日常运营中更加注重环境、社会和治理的长期投入。

同时，建立碳信用数字交易市场也是一种创新的市场化调节手段。碳交易市场的目的是通过设定碳排放配额，激励企业采取措施降低碳排放，从而推动绿色经济的发展。利用智能合约技术，可以实现碳配额的秒级清算，大大提高交易效率，确保碳排放交易的透明性与实时性。例如，AirCarbon Exchange 作为一个领先的碳信用交易平台，其日均交易量突破了 5000 万美元，充分展示了数字化和智能合约在碳市场中的巨大潜力。智能合约能够自动执行碳配额的交易，确保合规性和高效性，同时也降低了人为操作的风险和成本。

通过这些创新的市场化调节机制，不仅能够更好地促进企业在环境保护方面的投入，也能够推动资本市场与企业运营之间的良性互动。这些机制使得 ESG 目标的实现不再依赖于政府的强制性政策，而是通过市场力量和金融创新激发企业自觉参与绿色转型的动力。此外，数字化技术的引入使整个市场交易更加高效、透明，降低了市场参与的门槛，提升了整体绿色投资的吸引力。这一系列创新举措，结合现代金融工具与数字化技术，将为全球经济的绿色转型提供更加可持续和高效的解决方案。

二、企业层面：打造技术赋能的ESG价值创造闭环

（一）构建数字化ESG治理架构

在数字化转型的背景下，企业应构建数字化ESG治理架构，确保ESG目标与数字化技术的深度融合。首先，可以设立“首席数字ESG官”（CDESGO）职位，专责统筹数字化技术与ESG目标的对接与协同。CDESGO不仅需要推动企业数据中台建设，确保环境、社会和治理数据的高效汇集与透明展示，还应促进数字化技术（如区块链、大数据分析等）在ESG管理中的应用，以便通过智能化的手段实现目标达成。微软公司已经将数字减排目标写入公司章程，成为数字化与ESG融合的先行者。通过设立类似职位，企业可以强化数字化技术与ESG责任的结合，确保高效协调与执行，推动企业在绿色转型过程中的可持续发展。

与此同时，建立一个敏捷型的ESG响应机制至关重要。传统的ESG管理往往依赖人工监控和手动调整，而数字化的进程可以使企业实时监控环境变化并快速响应。通过运用数字孪生技术，企业可以模拟现实世界中的环境风险，并进行预防性分析和干预。比如，特斯拉利用数字孪生技术优化生产过程，实现了单车生产碳足迹降低18%的目标，这不仅提高了企业的环境效益，也助力其在全球绿色市场中的竞争力。数字孪生技术的引入，使企业能够基于精准的数字模型快速评估不同政策和决策的潜在影响，为环境治理决策提供科学依据。

同时，AI算法的应用可以对企业的治理策略进行动态调整，确保企业在面对不断变化的外部环境时，能够灵活应对并及时调整措施。例如，AI算法可以基于实时数据分析、预测环境变化趋势并提出治理优化建议，帮助企业在减少碳排放、提高能源效率、降低污染等方面做出更加高效和精准的决策。这种数据驱动的治理方式，使企业不再被动应对环境问题，而是主动利用数字化技术不断优化和完善ESG管理策略。

（二）深化数字化技术场景应用

随着数字化技术的不断发展，企业在环境、社会和治理（ESG）方面的应用场景不断拓展，尤其在应对挑战和优化运营方面，数字化工具展现出了巨大的潜力。在环境维度方面，5G与物联网的结合已经成为现代企业在监测和管理环保指标方面的重要手段。中国宝钢通过部署5G+物联网监测网络，实现了废水处理流程的响应速度提高了3倍，这不仅提高了治理效率，还在保障环境合规的同时降低了运营成本。此外，AI技术的引入，尤其在设备故障预测方面，已经能够大幅减少突发污染事件的发生。通过精准的预测模型，企业能够提前识别设备可能出现的故障，并采取预防措施，减少了对环境的负面影响。AI技术在环境管理中的高准确率（达到92%）使企业能够更加高效、精准地进行环

境保护，推动绿色转型。

在社会维度方面，数字化技术同样发挥着至关重要的作用。Grab 通过开发员工数字技能图谱，成功培训了超过 200 万名司机，为员工提供了技能提升的机会，并且在一定程度上提高了社会包容性。通过这种技能培训，Grab 不仅提高了员工的工作效率，还增强了企业的社会责任感，进一步推动了社会维度的 ESG 目标。此外，区块链技术在供应链管理中的应用也带来了新的突破。例如，星巴克利用区块链技术存证供应链中的劳工权益数据，实现了对员工权益的透明化管理，增强了对外界的信任度，并使其 ESG 评级在两年内提高了 2 个级别。区块链技术的不可篡改性保证了劳工权益的真实记录和透明度，这为社会责任的落实提供了坚实的数据支持。

在治理维度方面，数字化技术的创新应用为企业管理带来了显著提高。智能合约的引入使企业能够自动化执行与供应商之间的 ESG 条款，显著提高了管理效率。例如，波音通过应用智能合约，减少了与供应商之间的纠纷，下降幅度达 78%。智能合约自动化执行的优势在于减少了人为操作的误差，提高了条款执行的透明度，确保了合规性和治理效能。同时，基于自然语言处理（NLP）技术的舆情监控系统也成了企业治理中的一项重要工具。宁德时代通过 NLP 技术监控社交媒体与新闻平台上的舆情，优化了其市值管理效率，提高幅度达到 40%。NLP 系统可以帮助企业实时捕捉公众情绪和市场反应，及时调整公司策略，避免潜在的风险损失，并强化企业在公众和投资者中的形象。

（三）重塑 ESG 数据资产管理模式

随着企业在数字化转型过程中不断深入，ESG 数据作为一项新的核心资产，开始逐渐得到重视。企业不再仅仅把它视作合规性和风险管理的工具，而是将其纳入资产负债表，赋予其相应的价值。这一转变不仅是对数据的重新定义，也标志着企业对其可持续发展战略的深化。在这一过程中，企业需要建立完整的 ESG 数据管理框架，并根据数据的特性制定相关的折旧摊销规则，确保数据资产的长期价值能够在财务上得到合理体现。以沃尔玛的区块链食品溯源系统为例，这一系统通过确保供应链中的食品信息透明化，不仅增强了消费者对品牌的信任，也通过减少食品浪费和提高供应链效率，为公司创造了每年 60 亿美元的价值。这种数字化系统的应用让 ESG 数据不再仅仅是一个外部披露的指标，而是成了企业资产的一部分，直接影响着企业的盈利模式和市场价值。

在数据资产的管理过程中，开发 ESG 数据的产品化路径也成了企业创新的一大亮点。施耐德电气就是一个典型的案例，借助其 AI 能效管理系统，公司不仅在自身运营中实现了节能减排，还将这一解决方案推向产业链，帮助其他企业优化能效管理，并从中获得收益。施耐德电气的这一做法展示了如何将数据产品化，将 ESG 数据转化为具体的商业产品和服务。其 AI 能效方案每年为公司创造了 12 亿欧元的收入，占其服务业务收入的 35%。通过数据产品化，施耐德电气不仅提升了自身的 ESG 表现，也为行业内其他企业提供了价值创造的解决方案，从而推动了整个产业的绿色转型。

在这一过程中，数据资产的管理与转化已经不再是简单的存储和利用，它涉及数据的价值化、市场化及其在企业内部的战略地位重构。企业通过精准的 ESG 数据管理，不仅可以提升自身的社会责任和环境贡献，还能开辟新的收入来源，提升其在全球市场中的竞争力。这一趋势表明，ESG 数据不仅是合规要求的工具，更成了企业价值创造的重要支点。

三、投资者层面：创新数字化 ESG 价值发现工具

（一）升级 ESG 评估方法论

随着企业对 ESG 表现日益重视，传统的 ESG 评估方法逐渐暴露出无法全面反映企业数字化转型与可持续发展之间联系的不足。因此，升级现有的 ESG 评估方法论，尤其是融入数字技术和创新数据源，成为提升评估准确性和有效性的关键。

高盛在其投资决策流程中引入了 ESG 数字穿透力指标（EDPI），这一创新方法不仅包括了数据采集的频率维度，还涵盖了算法应用的深度（如 AI 模型占比）。这一指标使 ESG 评估能够实时反映企业在数字化转型过程中的持续努力和实际成效，从而帮助投资者更全面地了解企业的 ESG 表现。例如，企业如果能够通过实时监控和 AI 算法优化其能源使用效率、减少碳排放，这些数字化举措将直接影响其 ESG 评分，进而影响投资者的决策。

传统的 ESG 评估往往依赖企业披露的报告数据，这种静态数据收集方式存在时效性和准确性的问题。因此，越来越多的机构开始引入卫星遥感、物联网等另类数据源，以提供更为动态和实时的 ESG 数据。例如，彭博终端通过卫星遥感技术识别非法砍伐，帮助投资者在环境风险较高的地区规避投资。通过这种技术，投资者能够实时捕捉到全球范围内环境破坏的动态变化，及时识别出那些对环境造成负面影响的企业或项目，降低了投资风险。

结合这些先进的技术手段，企业在 ESG 评估中的表现将不再局限于定期报告的披露，而是转向实时、动态、综合性的分析。企业可以通过采用数字化技术，不仅能提升自身的 ESG 表现，还能够为投资者提供更加精准和及时的信息，进而增强其市场竞争力。这种新型的评估方法不仅提升了评估的科学性和准确性，也推动了企业在实现可持续发展目标中的进步。

（二）构建动态风险管理体系

在数字化转型与 ESG 治理的快速发展过程中，企业面临着前所未有的风险，尤其是在数据安全、环境监测以及技术系统故障等领域。因此，建立一个动态的风险管理体系，能够帮助企业实时监控和预警潜在的 ESG 风险，进而采取有效的应对措施，保护企业的

长期可持续发展。

首先，构建 ESG 数字预警系统能够为企业提供更加精确的风险监控。这种系统可以结合多种先进技术，例如，大数据分析、人工智能和传感器技术，来实时跟踪和分析企业运营中的各种 ESG 风险。例如，Meta 因隐私泄露事件被广泛关注，市值在短短几小时内蒸发了 500 亿美元，凸显了数据安全事件对企业财务和品牌的重大影响。通过实施数字预警系统，企业可以及时识别类似的风险，如敏感数据泄露或系统被攻击的迹象，提前采取相应的防护措施。与传统的人工监测方法相比，环境传感器异常值的监测准确率提高了 58%，这使企业能够更早识别环境风险，避免环境事故的发生，确保其 ESG 目标的顺利实施。

其次，应用压力测试技术进行数字化技术故障的模拟，是企业构建动态风险管理体系的又一重要环节。这类压力测试能够模拟各种突发情况，尤其是数字化技术系统可能面临的故障场景。例如，区块链作为绿色供应链认证的关键技术，已经被许多企业用于提高供应链的透明度和可追溯性。然而，若区块链系统遭遇攻击或故障，可能会对整个认证流程造成极大的冲击，进而影响供应链的信任度和企业的 ESG 评分。荷兰 ING 银行已经开展了相关测试，模拟区块链系统被攻破后的情景，并评估这一事件可能带来的金融与品牌风险。这类测试可以帮助企业识别并准备好应对数字化技术可能带来的潜在风险，从而提高企业的韧性和应急响应能力。

通过将数字预警系统与压力测试相结合，企业不仅能够在静态层面监控和应对 ESG 风险，还能够通过模拟不同的故障场景，进行动态的风险评估和处理。如此一来，企业能够更有效地应对数字化转型过程中可能出现的各种技术性和环境性挑战，确保在变化莫测的市场和技术环境中维持其长期的竞争优势和可持续发展。

（三）创新投资工具与服务

在数字经济与可持续投资的结合日益紧密的背景下，创新投资工具与服务不仅能够为投资者带来更高的回报，还能够推动数字化与 ESG 整合的深度发展。通过推出 ESG 数字增强型 ETF，投资者可以更有针对性地配置那些在数字化技术方面具有领先优势的企业，这些企业通常能够通过数字化转型提升其 ESG 表现，从而在市场中占据有利地位。比如，巴塔哥尼亚（Patagonia）利用 AR 营销推动其产品溢价，帮助企业提高了 28% 的销售额，这不仅体现了其品牌的创新能力，也显著增强了其 ESG 得分。历史回测数据显示，ESG 数字增强型 ETF 的年化收益率超额达到 4.2%，这为投资者提供了一个稳健且富有前景的投资机会。

与此同时，随着个人投资者对 ESG 投资需求的不断增加，开发针对个人投资者的 ESG 数字投顾平台显得尤为重要。借助人工智能技术，数字投顾平台能够快速解析企业的 ESG 报告，并利用大数据分析为投资者提供个性化的投资建议。比如，明晟（MSCI）的

AI系统已经覆盖了2.8万家企业，通过这些精准的ESG数据，投资者能够根据自己偏好的风险收益特征，选择合适的企业进行投资。通过这样的数字投顾平台，个人投资者可以不再仅仅依赖传统的投资顾问，而是根据实时的、个性化的建议做出决策。这种投资方式不仅提高了投资效率，还降低了决策成本，并且推动了更多的资本流入那些能够有效实现可持续发展的数字化企业。

四、多方协同：培育数字化ESG生态圈

（一）建立产学研协同创新体

在推动数字化转型与可持续发展的过程中，建立产学研协同创新体是促进技术进步和解决现实问题的关键。通过组建数字ESG联合实验室，能够汇聚学术界、企业和政府的力量，推动数字化技术与ESG治理相结合。例如，清华大学与蚂蚁集团合作开发绿色算法，不仅提高了碳排放管理效率，还为企业提供了创新的数字解决方案。这种跨界合作可以加速创新成果的转化和应用，同时为企业提供前沿的技术支持，帮助其在日益严格的环保法规和市场需求下，优化业务运营。

为了更好地支持这一发展，政府可以通过政策引导来为企业和研究机构提供支持。例如，通过"研发费用加计扣除200%"的税收政策，激励企业和学术界加大在数字化和ESG领域的研发投入。这类政策不仅降低了创新成本，也推动了相关技术的产业化进程，帮助企业提高数字化转型的速度和质量。

此外，随着数字化技术的快速发展，对复合型人才的需求越加迫切。为此，开设数字ESG交叉学科课程，培养既懂碳核算又精通AI的复合型人才，将是未来教育领域的重要方向。苏黎世联邦理工学院的可持续数字技术硕士项目，已经成功地将可持续发展与数字化技术紧密结合，培养出大量能够在全球范围内推动数字ESG进程的专业人才。通过这样的学术项目，不仅能够提高社会对数字ESG的认识和接受度，还能为行业提供大量的创新人才，确保企业和政府能够持续推动数字化与可持续发展目标的实现。

（二）激活公众参与新机制

激活公众参与新机制对于推动ESG理念的普及和实施至关重要，尤其是在数字化时代，公众参与不仅能增强社会责任感，还能提高社会整体的可持续性。开发公民ESG数据共享平台就是一个重要举措，通过这样的平台，普通市民可以直接参与到环境保护与社会责任的行动中来。例如，西门子在其智慧社区App中引入了家庭能耗数据上传功能，用户通过分享自己的家庭能耗数据，不仅能帮助提高社区的能效管理水平，还能根据上传的数据兑换碳积分。这种模式不仅鼓励了公民自觉减排，还通过数字化手段为公众提供了量化的激励措施。类似的做法已经在德国获得了广泛的应用，目前已有超过230万人参与

到碳积分计划中。这种激励机制不仅促进了低碳生活的普及，还在一定程度上推动了节能减排的社会共识。

在此基础上，运用更先进的技术来进一步激发公众的参与感和责任感也是一条有效的路径。元宇宙技术作为虚拟与现实结合的桥梁，正逐渐成为一种新兴的互动方式。日本软银通过构建虚拟 ESG 工厂参观系统，成功将 ESG 教育与虚拟现实技术相结合，极大地提高了青少年的参与度。通过这样的虚拟体验，青少年不仅能够更直观地了解可持续发展的重要性，还能够在沉浸式的互动中增强对 ESG 理念的理解和认同。据报道，通过软银的虚拟工厂参观系统，青少年的参与度提高了 5 倍。元宇宙为公众提供了一个全新的平台，通过虚拟世界的互动和学习，能够有效突破现实生活中的时间和空间限制，带来更为丰富且具参与感的 ESG 教育体验。

这类创新机制不仅可以提高公众的参与度和教育效果，还能在大范围内普及 ESG 理念，激励更多人从个人行为开始参与到可持续发展中来。随着数字化技术的发展，公众的 ESG 参与路径将变得更加多样化，不仅局限于信息共享和教育，还将拓展到更深层次的互动与激励，使社会每一个成员都能在数字经济和环境保护的双重目标下找到自己的位置，形成强大的社会责任感和行动力。这将为全球可持续发展目标的实现提供更为广泛的支持。

（三）构建跨境数字 ESG 联盟

构建跨境数字 ESG 联盟不仅能够提高全球范围内的可持续性治理水平，也能有效促进国际合作与知识共享，特别是在跨国企业和政府之间。推动国际掉期与衍生品协会（ISDA）制定区块链 ESG 衍生品标准，能够解决当前跨国碳信用交易中普遍存在的碳信用重复计算问题。随着全球气候变化应对政策逐渐严格，碳排放和碳信用的交易成为市场上的热点。然而，不同国家或地区的碳信用制度差异较大，容易导致同一碳信用在不同市场上被重复计算或低估。因此，借助区块链技术的不可篡改和透明性，能够确保碳信用的唯一性和交易过程的可信度，避免重复计算，从而使全球碳市场更加高效和公平。ISDA 可以通过制定统一的区块链标准，推动跨国企业和金融机构在交易碳信用时，能够更精确地核算并确保数据的真实性，这样不仅能加强市场监管，还能有效降低跨国企业的碳资产风险。

此外，建立“一带一路”数字 ESG 合作网络，对于促进全球可持续发展目标的实现具有重要意义。通过这种合作网络，不仅可以展现中国在数字化治污方面的成功经验，还能够为共建“一带一路”国家提供技术支持。例如，中国在推动河长制智能监测系统方面积累了丰富经验，这一系统通过物联网和大数据分析，能够实时监测和预警水体污染情况，帮助地方政府实现精准治理和长效管理。将这一经验输出至共建“一带一路”国家，尤其是在环境保护和资源管理方面相对薄弱的地区，能够大幅提高当地的环境治理效率，推动全球环境保护合作。同时，中国通过引入欧盟的数据治理规范，也能够提高自身的数字化治理水平，进一步完善国内数据保护法律与政策，推动数据隐私和安全保护的国际化进程。

这种跨境数字 ESG 合作网络的构建，不仅能够促进各国在 ESG 治理方面的经验交流与技术共享，还能为全球绿色金融的创新提供基础，推动更多国家加入全球可持续发展行动。通过构建强有力的国际联盟，不同国家和地区能够在数字化技术应用、数据治理、碳市场监管等方面实现互联互通，形成全球共同应对气候变化和可持续发展挑战的合力。

参考文献

[1] 王琳璘，廉永辉，董捷. ESG 表现对企业价值的影响机制研究 [J]. 证券市场导报，2022 (5)：23—34.

[2] 方先明，胡丁. 企业 ESG 表现与创新——来自 A 股上市公司的证据 [J]. 经济研究，2023，58 (2)：91—106.

[3] 徐光华，卓瑶瑶，张艺萌，等. ESG 信息披露会提高企业价值吗？[J]. 财会通讯，2022 (4)：33—37.

[4] 王治，彭百川. 企业 ESG 表现对创新绩效的影响 [J]. 统计与决策，2022，38 (24)：164—168.

[5] 陈若鸿，赵雪延，金华. 企业 ESG 表现对其融资成本的影响 [J]. 科学决策，2022 (11)：24—40.

[6] 白牧蓉，张嘉鑫. 上市公司 ESG 信息披露制度构建路径探究 [J]. 财会月刊，2022 (7)：90—99.

[7] 任紫娴，顾书畅，杨雨竹，等. ESG 表现与企业财务绩效关系实证研究 [J]. 经营与管理，2021 (11)：26—32.

[8] 梅亚丽，张倩. ESG 表现对企业债务融资成本的影响 [J]. 金融与经济，2023 (2)：51—63.

[9] 杨睿博，邓城涛，侯晓舟. ESG 表现对企业财务绩效的影响研究 [J]. 技术经济，2023，42 (8)：124—134.

[10] 刘江伟. 公司可持续性与 ESG 披露构建研究 [J]. 东北大学学报（社会科学版），2022，24 (5)：104—111.

[11] 胡洁，韩一鸣，钟咏. 企业数字化转型如何影响企业 ESG 表现——来自中国上市公司的证据 [J]. 产业经济评论，2023 (1)：105—123.

[12] 陈翼，司登奎，倪明明. 数字化转型、ESG 表现与企业创新型发展 [J]. 现代财经（天津财经大学学报），2023，43 (8)：32—48.

[13] 陈宁，王科. 数字时代企业 ESG 实践促进经济高质量发展：机理与路径 [J]. 金融发展研究，2024 (2)：46—54.

［14］戴可，杨垚立．数字科技助力金融 ESG 发展［J］．中国金融电脑，2022（3）：85－87.

［15］张瑞琛，陈芯宜．数字化转型对企业 ESG 表现的影响研究——基于绿色技术创新中介效应［J］．贵州商学院学报，2023，36（2）：55－65.

［16］许志，黄楚婧，徐晔．数字技术创新对企业 ESG 表现的影响研究［J］．江西师范大学学报（自然科学版），2024，48（2）：194－208.

［17］朱紫嫣，吴克平，汪宜香，等．数字经济、ESG 表现与企业高质量发展［J］．荆楚理工学院学报，2024，39（6）：62－73.

［18］匡增杰，周馨迪．数字化转型对企业 ESG 表现的影响研究［J］．上海对外经贸大学学报，2025，32（1）：34－50.

［19］王琳璘，廉永辉，董捷．ESG 表现对企业价值的影响机制研究［J］．证券市场导报，2022（5）：23－34.

［20］伊凌雪，蒋艺翅，姚树洁．企业 ESG 实践的价值创造效应研究——基于外部压力视角的检验［J］．南方经济，2022（10）：93－110.

［21］陈红，张凌霄．ESG 表现、数字化转型与企业价值提升［J］．中南财经政法大学学报，2023（3）：136－149.

［22］梅亚丽，张倩．ESG 表现对企业债务融资成本的影响［J］．金融与经济，2023（2）：51－63.

［23］苑泽明，刘甲，张淑溢．高质量发展下企业 ESG 表现的价值效应及机制研究［J］．会计之友，2023（18）：81－89.

［24］刘卓聪，叶陈刚，谢泽敏，等．上市公司 ESG 评级对企业价值的影响研究［J］．中国注册会计师，2023（3）：24－30.

［25］苏艳丽，张佳慧，刘书娜．数字化转型、ESG 表现与企业绩效研究综述［J］．财会月刊，2023，44（20）：53－57.

［26］王琳，方园，汪长英．ESG 表现对企业高质量发展的影响研究［J］．会计之友，2023（13）：74－81.

［27］冯勇杰，张静娴，孙少岩．ESG 表现、机构投资者与企业价值［J］．财务与金融，2022（2）：17－23.

［28］张欣，齐紫馨，阿美拉·阿不都热依木．企业 ESG 表现对企业价值的影响研究文献综述［J］．产业科技创新，2023，5（1）：117－119.

［29］杨萌，万国超．企业 ESG 表现、融资约束与企业创新［J］．时代经贸，2023，20（3）：52－57.